Sammlung Göschen

# Geodäsie

von

Dr. C. Reinhertz

Professor der Geodäsie in Bonn

Mit 66 Abbildungen

Zweite Auflage

Leipzig

G. J. Göschen'sche Verlagshandlung

1902

Druck und Einband von Carl Rembold & Co. in Heilbronn.

# Inhaltsverzeichnis.

## III. Abschnitt.

## Die exakten Gradmessungstriangulierungen zur Bestimmung der Erddimensionen.

## IV. Abschnitt.

### Die Landesvermessung.

Seite



## V. Abschnitt.

### Die specielle Untersuchung der Erdfigur.

# Litteratur.

1. Für die Theorie der Erdmessung:

Helmert, Die mathematischen und physikalischen Theorien der höheren Geodäsie. Bd. I. Die mathematischen Theorien, Leipzig 1880. Bd. II. Die physikalischen Theorien, Leipzig 1884.

2. Für die Ergebnisse der Erdmessung:

Internationale Erdmessung, Protokolle, Verhandlungen etc, sowie die Veröffentlichungen des K. preuss. geodätischen Instituts. — Berlin.

3. Für die Geschichte der Geodäsie:

Wolf, Handbuch der Astronomie, ihrer Geschichte und Litteratur. Bd. I Zürich 1890, Bd. II. 1892.

4. Für die Landesvermessung und Landmessung:

Jordan, Handbuch der Vermessungskunde. Stuttgart. Bd. I. Ausgleichungsrechnung nach der Methode der kleinsten Quadrate. 1895. Bd II. Feld- und Landmessung. 1897. Bd. III. Landesvermessung und Grundaufgaben der Erdmessung. 1896.

# Vorbemerkung.

## § 1.

Die Geodäsie lehrt die Ausmessung der Erdoberfläche. — Die grundlegende und umfassendste Aufgabe ist die Bestimmung der Erdgestalt im Ganzen, man nennt sie die „Erdmessung". — Die exakte bis ins einzelne gehende im Zusammenhang durchgeführte Ausmessung und Abbildung eines ganzen Staatsgebietes bezeichnet man als „Landesvermessung". — Die in der Regel auf beschränkte Gebiete sich erstreckenden besonderen Vermessungen für die verschiedenartigsten praktischen Zwecke rechnet man zur „Feldmessung". — Diesen Aufgaben und ihren verschiedenartigen Anforderungen entsprechend kommen zahlreiche Methoden der Messung, Rechnung und Abbildung mit den mannigfaltigsten Hilfsmitteln zur Anwendung. Man rechnet diese Methoden je nach den Anforderungen, welche an ihre theoretischen Grundlagen gestellt werden, zur „höheren" oder „niederen" Geodäsie. — Sie haben ihre heutige Ausbildung im Laufe einer allmählichen Entwicklung erhalten, welche zurückreicht über die Zeit der arabischen Gradmessungen, der römischen Agrimensoren und der alexandrinischen Geometer bis zu den altägyptischen Harpedonapten (Seilspanner), welche in dem vom Nile überfluteten Thale die Ackerstücke einteilten.

Die Grundzüge der heute sowohl für die Aufgaben der Erdmessung als auch der exakten Landmessung zur Anwendung kommenden Methoden wurden schon aufgestellt bei den zur Bestimmung der Figur und Grösse der Erde unternommenen Gradmessungen des 17. und 18. Jahrhunderts; ihre Durchbildung verdanken sie im Verein mit dem allgemeinen Fortschritt der exakten Wissenschaften und der Präcisionsmechanik besonders der zu Beginn des 19. Jahrhunderts von C. F. Gauss geschaffenen Fehlertheorie und Fehlerausgleichung nach der Methode der kleinsten Quadrate.

Es sollen daher bei dieser „Einführung in die allgemeinen Aufgaben der gesamten Geodäsie", dem angedeuteten, eine leichte Uebersicht darbietenden Entwicklungsgang folgend, die Grundzüge der wesentlichsten Methoden und ihre Bedeutung zur Darstellung gelangen.

---

## I. Abschnitt.

## Die Grundaufgaben der Erdmessung und der geodätischen Bestimmungsmethoden.

### § 2. Die Erdfigur.

Nach der heute als gültig betrachteten Hypothese über die Entstehung des Sonnensystems ist die Erde ein Körper, welcher sich aus einem rotierenden kosmischen Gasball durch Abkühlung und Zusammenziehung allmählich gebildet und unter dem Einfluss der Schwerkraft und Schwungkraft zu seiner jetzigen Gestalt entwickelt hat. Der Körper zeigt an seiner äusseren von der Lufthülle umgebenen Oberfläche die feste Erdkruste, deren Hohlformen mit Wasser angefüllt sind. Etwa 28%, wenig mehr als $^1/_4$ dieser Kruste ragt als „Festland“ aus dem „Weltmeer“ empor. — Die Oberfläche beider Formen lassen bei allgemeiner Betrachtung nach allen Richtungen hin eine Krümmung erkennen.

Das wesentlichste Moment für die Formung des Erdkörpers ist die Schwerkraft; dementsprechend bildet auch die Grundlage aller geodätischen Bestimmungen, welcher Art sie auch sein mögen, die jedem Erdorte eigentümliche Richtung und Intensität der Schwerkraft. Als das ursprünglichste aller geodätischen Instrumente ist deshalb das an einem Faden aufgehängte „Bleilot“ (Senkel) zu betrachten, dessen Ruhelage die „Lotlinie“ bestimmt, und dessen Schwingungen die Intensität der Schwerkraft messen. — Eine alte Erfahrung lehrt, dass die Lotrichtung rechtwinklig steht zu einer ruhenden Flüssigkeitsoberfläche. — Denken wir uns an unendlich vielen Punkten der Erdoberfläche Fadenlote aufgehängt, und von einem bestimmten Punkte P einer bestimmten Lotlinie ausgehend (Fig. 1) eine geschlossene Fläche, welche alle diese unendlich vielen Lotlinien rechtwinklig durchschneidet, so haben wir einen theoretischen Ausdruck für die Erdfigur, man nennt sie das „Geoid“. — Auf Grund der erwähnten Erfahrung könnten wir diese Fläche uns bildlich hergestellt denken durch den Spiegel einer ruhenden Flüssigkeit. — Machen wir uns frei von dem beliebig gewählten Punkt P, und denken diesen ideellen Spiegel

Figur 1.

gesenkt, bis er im allgemeinen mit dem Meeresspiegel zusammenfällt, so haben wir in diesem thatsächlich vorhandenen, allerdings den oceanischen Bewegungen unterworfenen Spiegel, welcher etwa $^3/_4$ der Gesamterdoberfläche ausmacht, jene theoretische Fläche, die „mathematische Erdoberfläche" sichtbar vor uns.

Es ist nun die Aufgabe der Erdmessung, die Gestalt dieser theoretischen Fläche am ballförmigen Erdkörper zu definieren, zu bestimmen und danach die Abmessungen zu ermitteln.

Diese Aufgabe, fast so alt wie menschliches Forschen überhaupt, ist im Laufe der Zeit in verschiedener Weise aufgefasst und behandelt worden. Der naiven Auffassung, wie sie im Homer zum Ausdruck kommt, nach welcher die Erde eine flache vom Weltstrom umflossene Scheibe ist, folgten die Auffassungen des Pythagoras, Aristoteles und Archimedes, welche für die Kugelgestalt eintraten und die eine allseitige Krümmung der Oberfläche belegenden Thatsachen beobachteten und lehrten.

Unmittelbar hierauf gründen sich die mathematischen Hypothesen für die Erdfigur und deren geometrische Auswertungen durch die sogenannten „Gradmessungen".

## § 3. Die Kugel-Hypothese.

Wird die Frage nach der mathematischen Gestalt der Erdoberfläche einfach dadurch erledigt, dass die Hypothese aufgestellt wird, „die Erde ist eine Kugel", ohne jede weitere Definition, so ist auch die geometrische Auswertung dieser Hypothese sehr einfach.

In Figur 2 ist m ein Stück des Umfanges U eines Kugelschnittes, mit dem Kugelmittelpunkt C und dem Kugelradius R. — Der zu m gehörige Centriwinkel ist

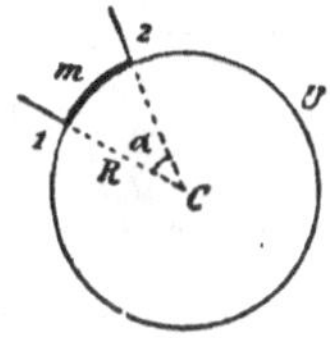

Figur 2.

$$\alpha = \frac{m}{U} \cdot 360^0 = \frac{m}{R}\,\varrho^0 \left(\text{worin } \varrho^0 = \frac{360^0}{2\,\pi}\right);$$

sobald demnach $\alpha$ und m gemessen sind, kann der Erdradius R, oder der Erdumfang U, oder der zu dem Centriwinkel $\alpha = 1^0$ gehörende Erdbogen, also die Länge eines „Gradbogens" berechnet werden. — (Daher die Bezeichnung „Gradmessung".)

Der Centriwinkel $\alpha$ wird gebildet durch die Radien nach 1 und 2, welche bei der Kugelhypothese den zum Mittelpunkt konvergierenden Richtungen des Bleilotes entsprechen. — Die Messung von $\alpha$ an der Erdoberfläche kann in verschiedener Weise erfolgen, terrestrisch oder astronomisch. Die erstere Methode zeigt Figur 3, wonach $\alpha = z_1 + z_2 - 180^0$, wenn $z_1$ und $z_2$ die gegenseitigen „Zenitwinkel" in 1 und 2 bedeuten. Da wegen der sehr grossen und sehr unregelmässigen Strahlenbrechung (vergl. § 19) an der Erdoberfläche diese Bestimmung von $\alpha$ sehr unsicher, und ausserdem die gegenseitige Messung nur für sehr kleine Bögen m möglich ist, hat diese sonst sehr einfache Methode keine Bedeutung für die Erdmessung erlangt und stets die astronomische Bestimmung Anwendung gefunden. Hierbei enthält der Kugelschnitt U die Erdaxe NC und wird zum Meridianschnitt (Fig. 4).

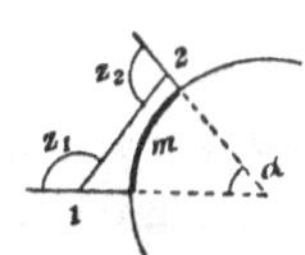

Figur 3.

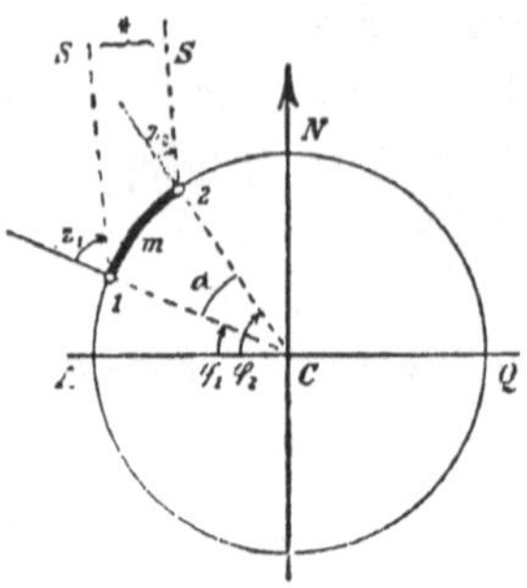


Figur 4.

Es ist $\alpha = z_1 - z_2 =$ dem Unterschied der Zenitdistanzen $z_1$ und $z_2$ eines Gestirnes S, oder allgemein $\alpha = \varphi_2 - \varphi_1$ = dem Unterschiede der geographischen Breiten von 1 und 2 (vergl. § 4). — A.Q entspricht dem Aequator. — Die Bestimmung der Länge des Meridianbogens m kann erfolgen durch unmittelbare Längenmessung oder, wie wir später sehen werden, durch Triangulierung. Die ältesten uns bekannten Erdmessungen zeigen das Prinzip am einfachsten.

Die erste Bestimmung durch Eratosthenes um 220 v. Chr. bezieht sich auf den zwischen den Nilstädten Alexandrien und Syene liegenden Erdbogen. Annahme war, dass der Nil von Süd nach Nord fliesst; der Winkel $\alpha$ wurde bestimmt nach der Beziehung $\alpha = z_1 - z_2$, wobei als Gestirn die Sonne diente. Es war bekannt, dass zur Zeit des Sommersolstitiums die Sonne im Zenit von Syene stand, da sie sich in einem tiefen Brunnen spiegelte; zu gleicher Zeit wurde der Winkel $z_2$ in Alexandrien gemessen mit Hilfe des Sonnenschattens, den ein dem Radius gleicher lotrechter Stift in einer hohlen Halbkugel gab. Der beschattete Bogen b der Kugel wurde gefunden zu $^1/_{50}$ des Umfanges. Die Entfernung der beiden Städte wurde auf Grund der Nilstrom- und Strassen-Vermessungen angenommen zu 5000 Stadien, der Erdumfang U demnach zu $50 \times 5000 = 250000$ Stadien, das sind, soweit die Massvergleichungen auf diese Bestimmung angewendet werden dürfen, rund 46 Millionen Meter, während sein soll U rund 40 Millionen Meter.

Posidonius benutzte in ähnlicher Weise um 85 v. Chr. den in das Mittelmeer fallenden Bogen Alexandrien-Rhodus, wobei der Abstand aus dem Seeweg entnommen wurde.

Die erste uns bekannte eigentliche Gradmessung unternahmen 827 n. Chr. arabische Geometer unter dem Kalifen Al Manun in der Gegend von Bagdad. Von einem Punkt ausgehend wurde nach Norden und Süden ein Meridianbogen abgesteckt und die Mittagshöhe der Sonne bestimmt; darauf gingen zwei Abteilungen in der Meridianrichtung nach Nord und Süd weiter, bis sich die Mittagshöhe um je $^1/_2{}^0$ geändert hatte, die Entfernung wurde mit Latten oder Schnüren gemessen; nach mehrfacher Wiederholung wurde schliesslich festgesetzt: ein Gradbogen = $56^2/_3$ arabische Meilen, was je nach der Massvergleichung um etwa 5% bis 10% zu gross ist.

Erst 700 Jahre später (1527) fand eine weitere Messung nach derselben Methode durch den französischen Arzt Fernel statt; er mass in Paris die Sonnenmittagshöhe, reiste auf der Strasse nach Amiens nordwärts, bestimmte wieder die Mittagshöhe und leitete die Entfernung aus dem Umfang eines Rades des zur Rückfahrt benutzten Wagens ab, indem er die Zahl der Umdrehungen durch Glockenschläge zählte und die Umwege in Rechnung setzte.

In gleicher Weise wurden noch einige andere

Messungen ausgeführt, so von Blaeu (1600) an der holländischen Küste, von Norwood 1633 zwischen London und York, wobei 100 bezw. 300 km mit Messlatten und Messkette durchmessen wurden. Norwood mass diese 300 km mit der Messkette (vergl. § 41) und dem Kompass, indem er die Abweichung der Kettenrichtung vom Meridian mit Hilfe des Kompasses bestimmte und, wie in § 9 an Figur 16 erläutert wird, die Projektionen der einzelnen Kettenlängen auf die Meridianrichtung ableitete. Seine Messung entspricht im Prinzip der in §§ 9 und 40 behandelten polygonometrischen Bestimmung unter Anwendung der Bussole.

Das wesentlichste Hindernis zur Erreichung brauchbarer Ergebnisse war die Schwierigkeit, die Länge des Erdbogens m genau zu ermitteln. Diese Schwierigkeiten beseitigte zu Beginn des 17. Jahrhunderts der holländische Gelehrte Willebrod Snellius in Leyden durch Einführung der „Triangulierung“ (Dreiecksmessung) und lenkte damit die Erdmessung in neue Bahnen. Das Wesen dieser Methode besteht darin, dass zwischen den Endpunkten des Erdbogens ein System aneinanderhängender Dreiecke angeordnet wird, in welchen die Winkel gemesssen werden, so dass, wenn in irgend einem Dreieck eine Seite gemessen ist, alle Dreiecksseiten und daraus der Abstand der Parallelkreise der Endpunkte in linearem Mass ausgedrückt werden können.

## § 4. Bestimmung von Polhöhe und Azimut.

Bevor diese Methode des Snellius dargestellt wird, soll als Vorbereitung für das Weitere das Prinzip der zugehörigen astronomischen Bestimmungen kurz erläutert werden. Dieselben gründen sich auf die „Koordinatensysteme am Himmel" (vergl. Göschen Nr. 11), und zwar 1) dem dem irdischen System der geographischen Koordinaten: geographische Breite $\varphi$ und geographische Länge $\lambda$, entsprechendem System „Weltaxe-Aequator", in welchem durch die Astronomie die sphärischen Koordinaten: Deklination $\delta$ und Rektascension $\alpha$ einer grossen Anzahl von Sternen, besonders der sogenannten Fundamentalsterne genau bekannt sind, und 2) dem System: „Lotlinie-Horizont", welches an jedem Erdorte durch Instrumente hergestellt werden kann.

Polhöhe (geographische Breite). Figur 5 giebt einen Meridianschnitt durch das ideelle Himmelsgewölbe, dessen Mittelpunkt der Erdmittelpunkt C bildet. CN ist die Weltaxe, N der Nordpol, AQ der Aequator, CZ die Lotlinie des Beobachtungsortes, Z das Zenit, $H_s H_n$ der wahre Horizont. Die geographische Breite des Beobachtungsortes entspricht dem Winkel ACZ $= \varphi$ und ist, wie die Figur ohne weiteres zeigt, gleich dem Winkel $NCH_n = \varphi$, dem Höhenwinkel des Poles, der „Polhöhe".

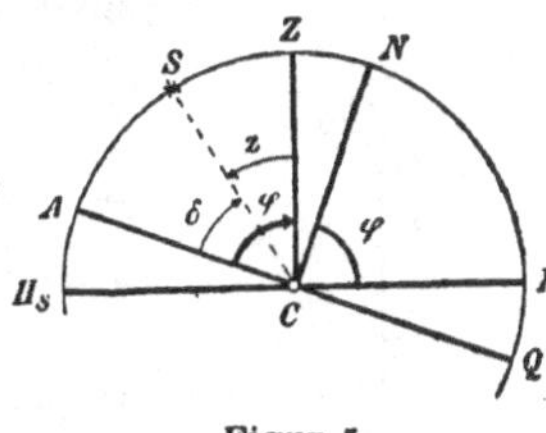

Figur 5.

Ist $\delta$ die bekannte Deklination eines Gestirnes S, seine bei der Kulmination im Meridian gemessene Zenitdistanz z, so ist $\varphi = \delta + z$. Wenn an beiden Endpunkten des Bogens dasselbe Gestirn beobachtet wird, so bleibt bei Fixsternen $\delta$ ausser Betracht, nur bei der Sonne (und Planeten) ist die Aenderung der Deklination in Rücksicht zu ziehen. Ebenso fällt $\delta$ weg, wenn der Höhenwinkel der oberen und unteren Kulmination (Fig. 8 Seite 17) eines Circumpolarsternes gemessen werden kann, es ist dann

$$\varphi = \frac{h_o + h_u}{2};$$

dieses Verfahren wurde schon von den Arabern angewendet. Wird demnach zunächst vorausgesetzt, dass die Meridianrichtung gegeben ist, so braucht zur Bestimmung der Polhöhe nur der Zenitwinkel z oder der Höhenwinkel $h = 90 - z$ gemessen zu werden. Hierzu diente bis ins 18. Jahrhundert hinein der Höhenquadrant, dessen ursprünglichste Form und Gebrauch Figur 6 erläutert. C ist das Centrum des von 0°—90° geteilten Quadranten ACB; ACS die Ziellinie zum Gestirn S. Der zu messende Zenitwinkel z wird in der Teilung abgelesen am Spielpunkte des in C hängenden Lotfadens CL. — Derartige Quadranten (oder Sektoren) wurden zuweilen mit Radien bis zu mehreren Metern hergestellt; nach und nach wurden die Instrumente vervollkommnet, besonders nach Erfindung des Fernrohrs im 17. Jahrhundert mit Zielfernrohren ausgerüstet (§ 15).

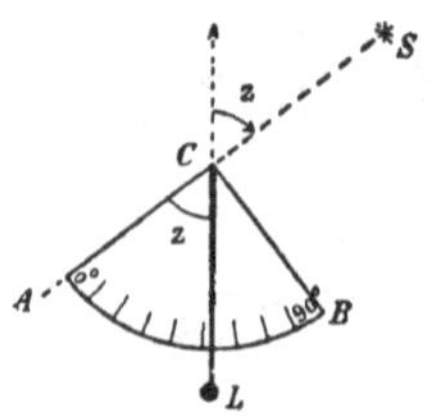

Figur 6.

Meridianrichtung und Azimut. Zur Bestimmung der Meridianrichtung diente die schon im Altertum bekannte und allgemein verbreitete Methode durch den Sonnenschatten nach dem Prinzip der Sonnenuhr und des Gnomons mit Benutzung konzentrischer Kreise um den Beobachtungspunkt.

Der Horizontalwinkel NAB zwischen der Meridianrichtung AN und einer terrestrischen Ziellinie AB ist das Azimut $a$ dieser Ziellinie (Figur 7.) (Dasselbe wird zuweilen auch von der Südrichtung aus gezählt.)

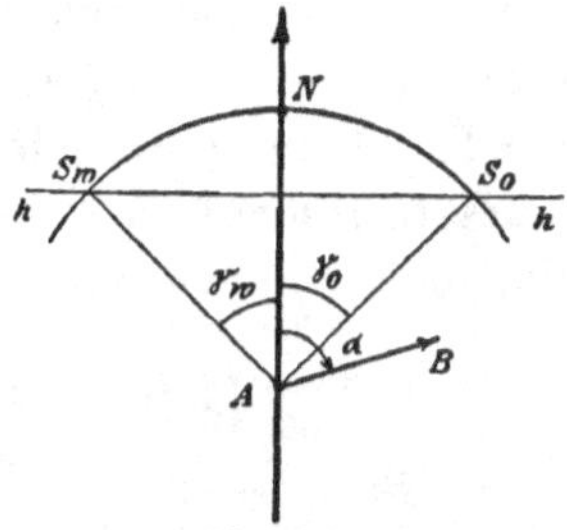

Figur 7.

Zur genauen Bestimmung der Meridianrichtung und eines solchen Azimutes trat späterhin an Stelle der Bahn des Sonnenschattens die Bahn der Gestirne selbst. Die von den Gestirnen beschriebenen täglichen Bahnen sind symmetrisch zum Meridian, in welchem sie ihre grösste Erhebung über dem Horizont erreichen. Es entsprechen demnach gleichen Höhenwinkeln vor und nach der Kulmination $S_0$ und $S_w$ gleiche Winkelabstände $\gamma_0$ und $\gamma_w$ vom Meridianpunkte, wie Figur 7 veranschaulicht. (Bei der Sonne ist die sogenannte Meridianverbesserung zuzulegen.) — In ebenen Gegenden oder am Meer giebt der Auf- und Untergang der Gestirne ohne weiteres eine genäherte Bestimmung. — Zu den exakten Bestimmungen nach dieser Methode der sogenannten „korrespondierenden Höhen" dient bei den späteren Gradmessungen das „Universalinstrument": vergl. § 17. — Eine andere hierbei vielfach benutzte Methode gründet sich auf die Bahn der Circumpolarsterne, insbesondere des Polarsternes, um den Pol, wobei nach Figur 8 die Mitte zwischen

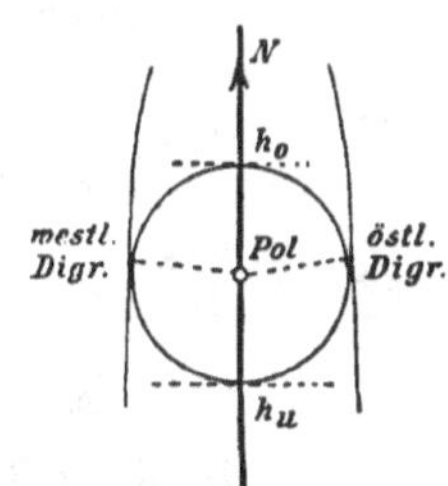

Figur 8.

den grössten östlichen und westlichen Ausweichungen, den sogenannten „Digressionen“, die Meridianrichtung bestimmt. — Werden daher die Horizontalrichtungen dieser Digressionen (bei der praktischen Anwendung in der Regel nur einer mit entsprechender Reduktion) und eines terrestrischen Zieles gemessen, so ist das Azimut des letzteren bekannt.

## § 5. Die Grundzüge der Triangulierung.

Das Prinzip der Seite 14 angedeuteten trigonometrischen Meridianbogenmessung soll an dem in Figur 9 auszugsweise dargestellten Dreiecksnetz des Snellius erläutert werden. — Im niederländischen Flachlande wurde zwischen den Endpunkten A, Alkmaar, und B, Bergen, die in der Figur dargestellte Kette aneinanderhängender Dreiecke ausgewählt, deren Eckpunkte („Dreieckspunkte“) durch die Kirchtürme der Orte gebildet wurden. Auf diesen Dreieckspunkten wurden die Horizontalwinkel mit einem 2füssigen Quadranten und später einem $3^1/_2$füssigen Halbkreise gemessen. Diese Instrumente sind in ihrer einfachsten Form geteilte Kreis-

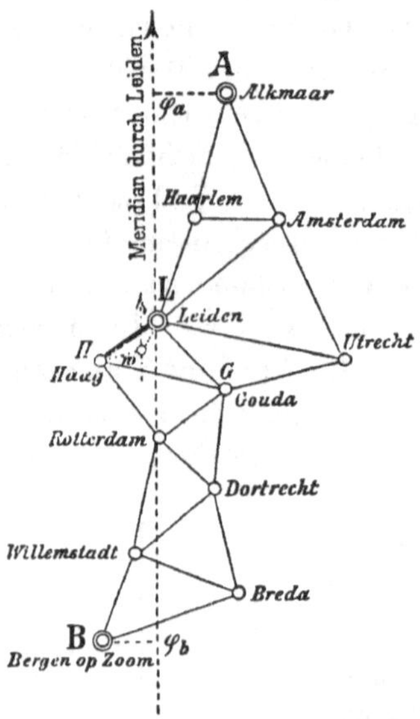


Figur 9.

ausschnitte ähnlich wie der Höhenquadrant in Figur 6, um deren Centrum ein mit einer Ziellinie versehener Arm (Alhidade) drehbar ist. Wird die mit der Nulllinie der Teilung zusammenfallende Ziellinie auf den ersten Punkt gerichtet und mit dem drehbaren Zielarm der zweite Punkt angezielt, so kann an dem Zeiger des beweglichen Armes sofort der Winkel abgelesen werden. — Als Ausgangsseite für die Berechnung der Dreiecke diente die Linie Leiden-Haag, welche auf indirektem Wege durch ein Netz kleinerer Dreiecke, wie Figur 10 zeigt, abgeleitet wurde. Zwischen Leiden und dem benachbarten Dorfe Soeterwoude wurde eine kurze Linie („Grundlinie, Basis") a b mit Rutenmassstäben zu 87,05 Ruten gemessen, und in

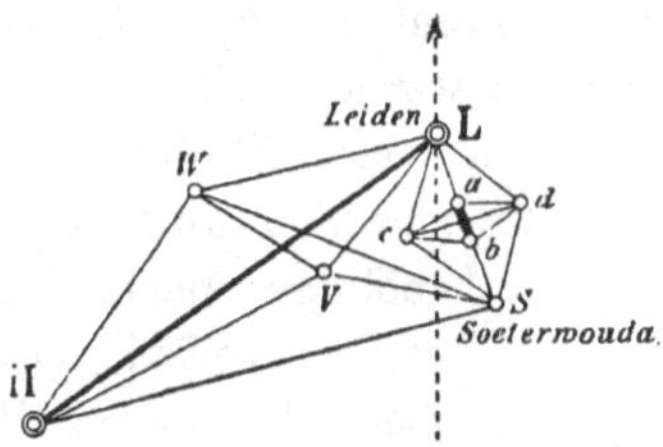


Figur 10.

dem diese Linie mit der Linie Leiden-Haag verbindenden Dreiecksnetz (dem „Basisnetz") die Winkelmessung mit einem Quadranten ausgeführt. Danach lassen sich von der Grundlinie a b aus fortschreitend der Reihe nach die Dreiecke berechnen nach dem Sinussatz der ebenen Trigonometrie

$$a : b = \sin \alpha : \sin \beta,$$

und somit die Länge der Linie Leiden-Haag; diese in die Dreiecksberechnung der Figur 9 eingeführt, ergiebt die Längen sämtlicher Dreiecksseiten. — (Snellius benutzte 33 Dreiecke, mass verschiedene Grundlinien und wiederholte seine Messungen mehrfach; die Feldarbeiten für die erste Messung wurden 1615 fertiggestellt.)

## § 6. Fortsetzung.

Um nunmehr die Länge des Meridianbogens zwischen den Parallelkreisen von Alkmaar $\varphi_a$ und Bergen $\varphi_b$ zu berechnen, war die Messung des astronomischen Azimutes einer Linie (nach § 4) notwendig. — Diese Bestimmung führte Snellius in seiner Wohnung w (Fig. 9 und 11) aus, welche er durch Winkelmessung mit dem Dreiecksnetze in Verbindung setzte, indem er hierzu eine Methode anwendete, welche heute als sogenanntes „Rückwärtseinschneiden" eine allgemein angewendete Aufgabe der Triangulierungspraxis geworden ist und daher kurz erläutert werden soll. — Es sei hierbei bemerkt, dass diese auch als „Problem der vier Punkte" bekannte Aufgabe zuweilen unrichtigerweise nach einer später von Pothenot gegebenen Lösung als Pothenot'sches Problem bezeichnet wird. Die Aufgabe ist die folgende: Gegeben sind die gegenseitigen Abstände von drei Punkten A L B (Fig. 11) und der Winkel $ALB = \gamma$, es sollen die Abstände eines vierten Punktes w von diesen drei Punkten dadurch bestimmt werden, dass auf diesem Punkte w die Winkel $\alpha$ und $\beta$ gemessen werden.

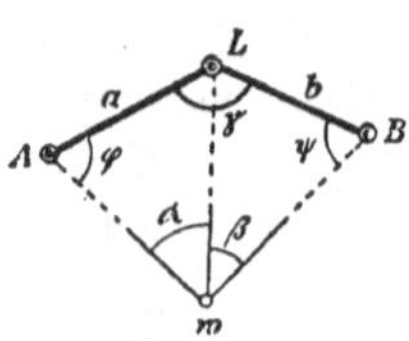

Figur 11.

Die drei ihrem Abstand nach gegebenen Punkte sind L = Leiden, d. h. der in Figur 9 enthaltene Punkt der Dreieckskette, und zwei andere Kirchtürme A und B der Stadt.

## § 7. Das Vorwärtseinschneiden.

Der gegenseitige Abstand dieser Türme war vorher durch eine kleine Triangulierung mit Hilfe einer

Grundlinie g abgeleitet worden. Figur 12 zeigt den Zusammenhang. Gemessen sind die Grundlinie g und alle eingezeichneten Winkel in den Endpunkten 1 und 2 der Grundlinie; daraus können alle übrigen Winkel und Abstände nacheinander berechnet werden. (In den Berechnungsdreiecken ist der Reihe nach gegeben: eine Seite und zwei Winkel, sowie zwei Seiten und ein eingeschlossener Winkel.) Diese Aufgabe schliesst mehrere Bestimmungen in sich, welche in der heutigen Triangulierungspraxis für solche Punkte, welche der Winkelmessung nicht zugänglich sind, zur Anwendung kommen. — Ist gegeben die gegenseitige Lage zweier Punkte 1 und 2 und an dieser die Winkel $\alpha$ und $\beta$ zu einem dritten nicht zugänglichen Punkt A hin (Fig. 13), so nennt man diese Bestimmung, deren Lösung in den Formeln

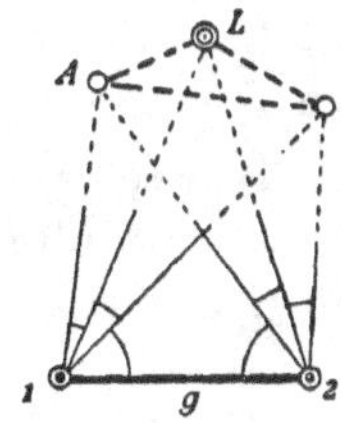


Figur 12.

$$a = g \frac{\sin \alpha}{\sin(\alpha + \beta)} \text{ und } b = g \frac{\sin \beta}{\sin(\alpha + \beta)}$$

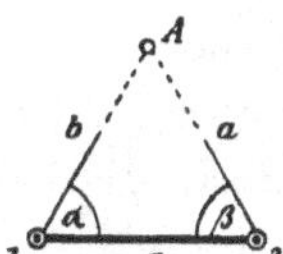


Figur 13.

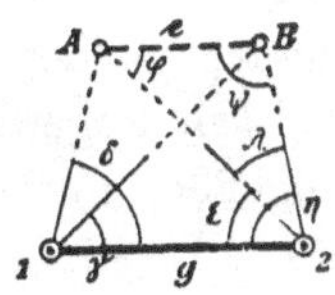


Figur 14.

enthalten ist, das „Vorwärtseinschneiden“. (Vergl. auch § 34, Fig. 55). Handelt es sich um zwei unzugängliche Punkte A und B (sog. Aufgabe der unzugänglichen Entfernung A B, oder Aufgabe der zwei

Punktpaare), so kann die Lösung in die folgende bequeme Form gebracht werden. In Figur 14 ist bekannt die Grundlinie g und die Winkel in Punkt 1 und 2. Die unzugänglichen Winkel $\varphi$ und $\psi$ bestimmen sich aus den Gleichungen

1. $\frac{1}{2}(\varphi + \psi) = 90^0 - \frac{1}{2}\lambda,$

2. $\operatorname{tg} \frac{1}{2}(\varphi - \psi) = \operatorname{cotg}(45^0 + \mu) \operatorname{tg} \frac{1}{2}(\varphi + \psi),$

worin der Hilfswinkel $\mu$ zu berechnen ist aus

3. $\operatorname{tg} \mu = \frac{\sin \delta \sin (\eta + \gamma)}{\sin \gamma \sin (\delta + \varepsilon)}.$

Damit sind alle zur Berechnung der Linie AB erforderlichen Stücke in den Dreiecken AB1 und AB2 bekannt. Die Aufgabe kann auch in umgekehrter Weise auftreten, indem der unzugängliche Abstand AB bekannt und die Lage der Punkte 1 und 2 durch die in ihnen gemessenen Winkel zu bestimmen ist.

## § 8. Das Rückwärtseinschneiden.

Auf diese Weise war die gegenseitige Lage der drei Punkte ALB in Figur 12 bestimmt worden, so dass nunmehr der Punkt w (Wohnung) durch Messung der Winkel $\alpha$ und $\beta$ in Figur 11 an das Dreiecksnetz angeschlossen werden konnte. Eine sehr bequeme und heute vielfach angewendete Lösung dieser Aufgabe ist in den folgenden Formeln enthalten, worin die bekannten Abstände AL mit a und BL mit b, sowie der von diesen eingeschlossene Winkel ALB mit $\gamma$ bezeichnet sind. — Berechnung der unbekannten Winkel $\varphi$ und $\psi$ aus

1. $\varphi + \psi = 360^0 - (\gamma + \alpha + \beta)$

2. $\operatorname{tg} \frac{1}{2}(\varphi - \psi) = \operatorname{cotg}(45^0 + \mu) \operatorname{tg} \frac{1}{2}(\varphi + \psi),$

worin der Hilfswinkel $\mu$ zu bestimmen ist aus

$$3.\ \operatorname{tg} \mu = \frac{a \sin \beta}{b \sin \alpha}.$$

Damit sind alle zur weiteren Berechnung erforderlichen Stücke und die Seiten Aw, Lw, Bw und alle Winkel bekannt. Die Lösung versagt, sobald die vier Punkte ALBw einem Kreis angehören, in welchem Falle die beiden durch die Peripheriewinkel $\alpha$ und $\beta$ und die Sehnen AL und BL bestimmten Kreise zusammenfallen.

## § 9. Azimut-Uebertragung und Koordinatenberechnung (Polygonometrie).

Durch diese Bestimmungen waren somit in dem Dreieck wHL Figur 9 und Figur 15 ausser der bereits berechneten Dreiecksseite HL auch die Linie wL bestimmt, und da in w auch der Winkel HwL gemessen wurde, der Winkel HLw = $\omega$ (nach Berechnung des Dreiecks) bekannt. Ferner hatte Snellius in seiner Wohnung die astronomischen Azimute der Linie wL und wH (Fig. 15) gemessen (§ 4) und konnte somit die Azimute aller Dreiecksseiten ableiten.

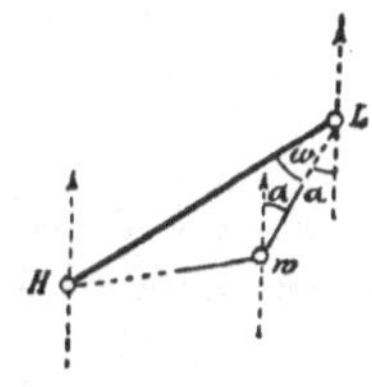

Figur 15.

Betrachtet man die im Meridian von Leiden sich erstreckende Dreieckskette der Figur 9 als auf einem ebenen Flächenstreifen liegend (im Sinne der Merkatorprojektion, — Göschen Nr. 30), so kann, wie schon die Dreiecksberechnung, nun auch diese weitere Berechnung nach den Regeln der ebenen Geometrie erfolgen. Es ist nach Figur 15 das Azimut der Dreiecksseite

LH = $\alpha + \omega + 180^\circ$; in der gleichen Weise lässt sich dieses Azimut noch einmal von wH aus berechnen. Da in Figur 9 alle Dreieckswinkel bekannt sind, können nunmehr von dem Azimut der Seite HL ausgehend in der soeben erläuterten Weise die Azimute aller Dreiecksseiten des ganzen Dreiecksnetzes Figur 9 abgeleitet werden, z. B. Azimut HG = Azimut HL + Winkel LHG u. s. w. — Man nennt diese Berechnung die „geodätische Uebertragung der Azimute". — Damit können nun die Abstände der Parallelkreise $\varphi_a$ für Alkmaar und $\varphi_b$ für Bergen von Leiden aus berechnet werden,

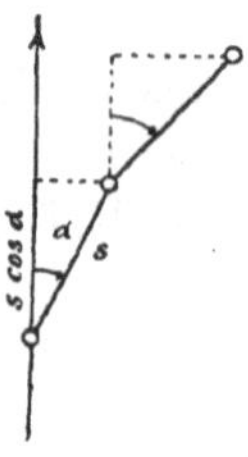


Figur 16.

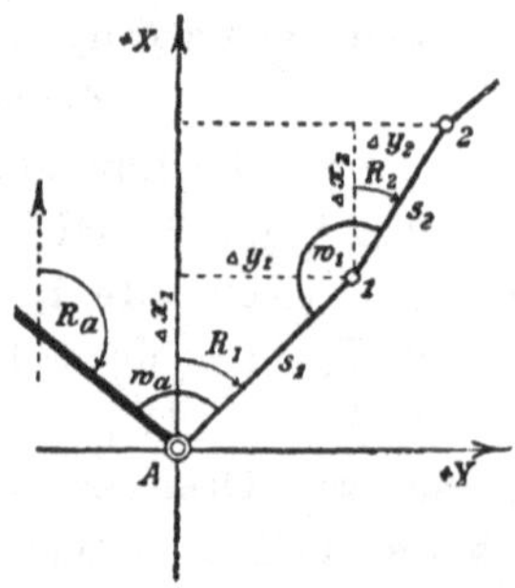


Figur 17.

indem diese Abstände stückweise aus den Projektionen der einzelnen Dreiecksseiten auf den Meridian von Leiden zusammengesetzt werden nach der Beziehung s . cos $\alpha$ in Figur 16, so dass sich der ganze Meridianbogen m darstellt als die Summe der Projektionen [s cos $\alpha$]. — Wie Figur 9 zeigt, kann diese Berechnung auf verschiedenen Wegen erfolgen.

Das soeben dargestellte Verfahren findet heute in der ebenen Polygonometrie (Polygonisierung vergl. § 40) zur Berechnung von rechtwinkligen Koordinaten in gebrochenen Linienzügen (Polygonzügen) ausgedehnte Anwendung. In Figur 17 ist XY ein rechtwinkliges Koordinatensystem (vergl. Göschen Nr. 65), in welchem der Punkt A die Koordinaten $y_a\, x_a$ hat, und das Azimut $R_a$ einer Linie, welches man im rechtwinkligen Koordinatensystem als „Richtungswinkel" bezeichnet, bekannt ist. Sind nun gemessen die Winkel $w_a$, $w_1$, $w_2$ u. s. w. in den Punkten A, 1, 2 u. s. w., und die Linien $s_1$, $s_2$ u. s. w. entweder durch unmittelbare Längenmessung oder aus einer Dreiecksberechnung wie in Figur 9 bekannt, so können die Koordinaten aller Punkte 1, 2 u. s. w. berechnet werden. — Es ist wie oben Seite 24

$$R_1 = R_a \pm 180^0 + w_a \text{ und } \Delta y_1 = s_1 \sin R_1\,;\ \Delta x_1 = s_1 \cos R_1$$
$$R_2 = R_1 \pm 180^0 + w_1 \qquad \Delta y_2 = s_2 \sin R_2\,;\ \Delta x_2 = s_2 \cos R_2$$

u. s. w. u. s. w.

und damit

$$y_1 = y_a + \Delta y_1 \qquad x_1 = x_a + \Delta x_1$$
$$y_2 = y_1 + \Delta y_2 \qquad x_2 = x_1 + \Delta x_2$$

u. s. w., u. s. w.,

worin $\Delta y$ und $\Delta x$ die Koordinatenunterschiede von Punkt zu Punkt bedeuten. Ist neben dem Anfangspunkt A und der Anfangsrichtung $R_a$ ein Abschlusspunkt E und eine Abschlussrichtung $R_e$ gegeben, so ergiebt sich eine Probe für die Richtigkeit der Bestimmung.

## § 10. Trigonometrische Koordinatenbestimmung.

Wird diese Berechnung auf ein Dreiecksnetz wie Figur 9 angewendet, so erhält man für sämtliche Dreieckspunkte rechtwinklige Koordinaten $y_n\, x_n$, aus denen alle in Betracht kommenden Abstände und Richtungswinkel berechnet werden können. Sind z. B. die Koordinaten zweier Punkte $y_1\ x_1$ und $y_2\ x_2$, so ergiebt sich der Richtungswinkel R und die Entfernung s aus den Gleichungen:

$$1.\ \operatorname{tg} R = \frac{y_2 - y_1}{x_2 - x_1} \text{ und}$$

$$2.\ s = \frac{y_2 - y_1}{\sin R} = \frac{x_2 - x_1}{\cos R} = \sqrt{(y_2 - y_1)^2 + (x_2 - x_1)^2}.$$

Werden auf zwei oder mehreren durch ihre Koordinaten y, x gegebenen Punkten 1, 2, . . . die Winkel, z. B. $\alpha$ . . . zwischen ihnen und einem unbekannten Punkt P Figur 18 gemessen, so können daraus nach den vorstehend angegebenen Formeln 1) und 2) die Richtungswinkel R und die Entfernungen s für die gegebenen Punkte untereinander und nach dem Punkt P (aus dem Dreieck 1 — 2 — P) und damit dessen Koordinaten berechnet werden; man hat die schon in § 7 bei Figur 13 erwähnte Aufgabe des „Vorwärtseinschneidens“ zur Bestimmung der Koordinaten eines unbekannten Punktes. — Werden dagegen auf dem unbekannten Punkte mindestens zwei Winkel nach drei gegebenen Punkten gemessen, wie in Figur 11, so lassen sich daraus nach den in § 8 angegebenen Formeln die erforderlichen Entfernungen und Winkel, sowie nach § 9 die Richtungswinkel zwischen den gegebenen Punkten und dem Punkte w und damit seine

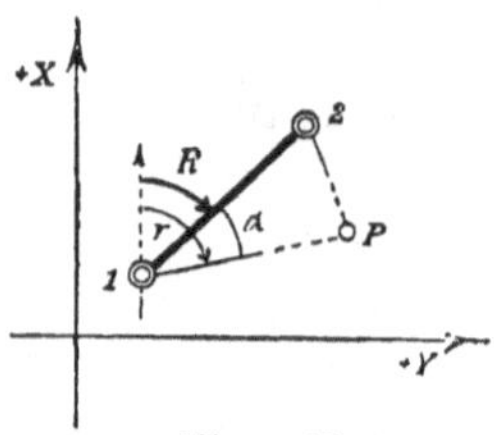

Figur 18.

Koordinaten ableiten; man hat die in § 8 behandelte Aufgabe des „Rückwärtseinschneidens“ zur Bestimmung der Koordinaten eines unbekannten Punktes.

Wenn sowohl auf den gegebenen Punkten als auch auf dem zu bestimmenden Punkte die in Betracht kommenden Winkel gemessen werden, so hat man die allgemeine Aufgabe der Punktbestimmung durch „Einschneiden“. —

Diese hier kurz angedeuteten Verfahren sind für die heutigen trigonometrischen Vermessungen, entsprechend den neuzeitlichen Anforderungen an die Genauigkeit der Ergebnisse und den verbesserten Hilfsmitteln für diese Messungen und Rechnungen (vergl. Theodolit § 17), bis ins einzelne ausgebildet worden, besonders auch mit Rücksicht auf die möglichste Unschädlichmachung der unvermeidlichen kleinen Fehler der Messungen. Vergl. § 34. — Aus der vorbesprochenen Anordnung der Triangulierung des Snellius und dem im III. und IV. Abschnitt Dargestellten ist zu erkennen, dass er das Grundprinzip der wesentlichsten Methoden bereits angewendet hat; er wird auf Grund dessen als der Vater der heutigen Triangulierungsmethoden betrachtet. —

## § 11. Die Berechnung des Gradbogens und weitere Messungen nach Snellius' Methode.

Da Snellius auch nach den in § 4 angedeuteten Verfahren unter Benutzung des Polarsternes die Polhöhe der Endpunkte seiner Triangulierung in Alkmaar und Bergen mit einem $5^1/_2$ füssigen Quadranten bestimmt hatte, konnte er nunmehr die Länge eines Gradbogens ableiten. Seine Ergebnisse waren:

$$\left.\begin{aligned}\varphi^{a} &= 52^{0}\,40'\,30''\\ \varphi_{b} &= 51^{0}\,29'\,00''\end{aligned}\right\}\varphi_{a}-\varphi_{b}=1^{0}\,11'\,30'',$$

der aus der Triangulierung gefundene lineare Bogen des Leidener Meridianes m = 33 930 Ruten, somit der Bogen für 1° Polhöhenunterschied

$$\frac{1^{0}}{1^{0}\,11'\,30''}\times 33\,930 \text{ Ruten},$$

wofür Snellius nach mehrfachen Berechnungen 28500 Ruten annahm, was nach der Massvergleichung um $3^{0}/_{0}$ zu klein ist. Snellius veröffentlichte seine Arbeit unter dem Titel: Eratosthenes Batavus, de terrae ambitus vera quantitate, a Willebrordo Snellio, Lugduni-Batavorum 1617. — Späterhin revidierte er seine Berechnungen und wiederholte seine Messungen, deren Neuberechnung er jedoch nicht mehr zum Abschluss bringen konnte; er starb 1626.

Nach Snellius' Vorbild wurden bald weitere Messungen unternommen. Eine von Picard 1669/70 mit Unterstützung der eben gegründeten Pariser Akademie der Wissenschaften durchgeführte Unternehmung leitete schon den Beginn der exakten Erdmessung ein, indem hierbei die Hilfsmittel, Messungs- und Rechnungsmethoden ausgebildet und vervollkommnet wurden. — Die Messung fand statt nördlich von Paris in der Richtung nach Amiens, zwischen zwei Punkten im Meridian von Paris, mit einem Polhöhenunterschied von $1^{1}/_{5}{}^{0}$. — Die Dreieckskette umfasst 13 Dreiecke. Als Winkelmessinstrument diente ein eiserner Quadrant mit Teilung in Minuten, ausgerüstet mit einem festen und einem um das Centrum der Teilung drehbaren Fernrohr mit Fadenkreuzen aus schwarzer Seide. —

Es ist dies die erste Anwendung der schon von Gascoigne 1640 ersonnenen Einrichtung des Zielfernrohrs, welche in § 15 erläutert werden wird. — Zur Polhöhenbestimmung diente ein 10füssiger Sektor, an welchem $^1/_3{}'$ abgelesen werden konnten. — Als „Basis" wählte Picard eine in der Nähe von Paris auf einer geraden, ebenen Strasse gelegene Linie von 11 km Länge aus, welche er mit zwei hölzernen Messlatten (je 2 Toisen zu 1,949 m lang) zweimal sorgfältig durchmass, wobei er die Holzmassstäbe mit einem eisernen Toisen-Massstab verglich.

Die schon von Picard geplante Ausdehnung der Messung im Meridian von Paris, nördlich bis nach Dünkirchen, südlich bis nach Collioure an der spanischen Grenze, wurde 1683 durch die beiden Cassini (Dominique und Jaques, Vater und Sohn) in Angriff genommen, aber erst 1718 abgeschlossen.

Auf die Ergebnisse dieser mit abermals vervollkommneten Hilfsmitteln durchgeführten Messung werden wir später (§ 13) zurückkommen. Es sei noch erwähnt, dass zur Basismessung 4 Holzstangen mit konvexen Endstücken aus Metall dienten, dass die Linie mit Hilfe eines Fernrohrs ausgerichtet wurde, die Massstäbe auf wagrecht aufgestellte Holzböcke längs einer ausgespannten Schnur gelegt und täglich dreimal mit einem eisernen Massstabe verglichen wurden.

## § 12. Die Hypothese des abgeplatteten Rotationsellipsoides.

Die von Newton und Huygens auf Grund der Umdrehung der Erde und der dabei auftretenden

Schwungkraft aufgestellten Theorien und die mit ihnen in Uebereinstimmung stehende Pendelbeobachtung des Astronomen Richer (vergl. Göschen Nr. 11) hatten inzwischen gezeigt, dass die Erde an den Polen abgeplattet sein muss.

Darauf gründet sich die weitere mathematische Hypothese: „Die Erdfigur, dargestellt durch die Meeresoberfläche, ist ein an den Polen abgeplattetes Rotationsellipsoid.“

Die dadurch gegebene geodätische Aufgabe ist: Prüfung dieser Hypothese und Ermittlung der Abmessungen dieses Ellipsoides, d. h. derjenigen der rotierenden Ellipse, also eines Meridianschnittes im Meeresspiegel.

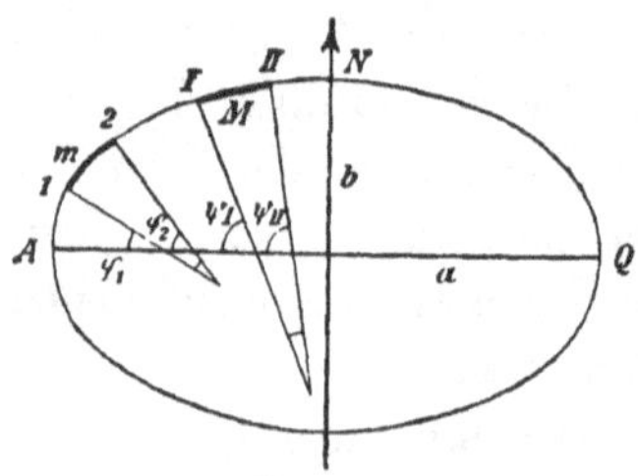

Figur 19.

In Figur 19 sind a und b die zu bestimmenden grosse und kleine Halbaxe. Die Krümmung der Kurve ist bei A (am Aequator) stärker als bei N (am Pol), und dementsprechend der diese Krümmung ausdrückende Krümmungsradius bei A kleiner als bei N. — Sind nun $\varphi_1$ $\varphi_2$ und $\psi_I$ $\psi_{II}$ die von den Normalen in den Punkten 1, 2 und I, II mit der Aequatorialaxe A Q gebildeten Winkel, d. h. die ellipsoidischen Pohlhöhen der betreffenden Punkte, so gilt für sehr kleine Bögen m und M mit den Krümmungsradien r und R wie bei Figur 2 und 4 Seite 11 und 12 die Beziehung

$$m = \frac{\varphi_2 - \varphi_1}{\varrho} r \text{ und } M = \frac{\psi_{II} - \psi_I}{\varrho} R.$$

Betrachtet man gleiche Polhöhenunterschiede für beide Bögen, z. B. rund $1^0 = \varphi_2 - \varphi_1 = \psi_{II} - \psi_I$, so wird in linearem Mass $M > m$, d. h. die linearen Längen der zu gleichen Polhöhenunterschieden gehörenden Meridianbögen wachsen mit zunehmender Breite (Polhöhe). Dieser von der Breite abhängige Unterschied der „Gradbögen" giebt demnach die Abweichung von der Kugelgestalt, bei welcher sie konstant sein müssten, zu erkennen. Die zu diesen Bestimmungen dienenden Messungen bezeichnet man zur Unterscheidung von anderen Unternehmungen als „Breitengradmessungen".

Unter Zugrundelegung der Gleichungen für die Ellipse lassen sich die Dimensionen der Meridianellipse, die Halbaxen a und b, bestimmen, sobald zur Ableitung dieser beiden Unbekannten zwei Gleichungen, d. h. zwei Breitengradmessungen vorliegen. — Statt der beiden Halbaxen a und b kann auch eine Halbaxe und die die Beziehung derselben vermittelnde numerische Excentricität (vergl. Göschen Nr. 65)

$$e = \sqrt{\frac{a^2 - b^2}{a^2}}$$

abgeleitet werden. Einen Ausdruck für das Verhältnis von a und b liefert auch der Quotient

$$p = \frac{a - b}{a} = 1 - \sqrt{1 - e^2},$$

den man die „Abplattung" nennt.

Die zur Ableitung der beiden Unbekannten erforderlichen Gleichungen werden gewonnen durch Einführung der Formeln für die Krümmungshalbmesser r und R in die oben genannten Beziehungen für m und M. Es ist

$$m = \frac{a\,(1-e^2)}{\sqrt{\left(1-e^2 \sin^2 \frac{\varphi_1+\varphi_2}{2}\right)^3}} \times \frac{\varphi_2-\varphi_1}{\varrho}$$

$$M = \frac{a\,(1-e^2)}{\sqrt{\left(1-e^2 \sin^2 \frac{\psi_{I}+\psi_{II}}{2}\right)^3}} \times \frac{\psi_{II}-\psi_{I}}{\varrho}.$$

Sind darin m, M, $\varphi_1$, $\varphi_2$, $\psi_I$ und $\psi_{II}$ durch Messung bekannt, so können die beiden Unbekannten a und e bestimmt werden. — Sobald demnach an zwei Stellen der Erdoberfläche unter möglichst verschiedenen Polhöhen für je einen Meridianbogen die lineare Länge aus einer Triangulierung, wie am Beispiel des Snellius erläutert, abgeleitet ist und die zugehörigen Polhöhen gemessen sind, so können die Ellipsoiddimensionen e, a, sowie die Abplattung p berechnet werden. — Liegen nicht nur zwei Breitengradmessungen, sondern mehrere vor, so können die Ellipsoiddimensionen entsprechend genauer bestimmt werden, wie in § 30 erwähnt werden wird.

## § 13. Die Breitengradmessungen des 18. Jahrhunderts und das metrische System.

Die Seite 28 erwähnte, von Picard eingeleitete und den beiden Cassini durchgeführte, sich über $8^1/_2$ Breitengrade erstreckende und mit den besten derzeitigen Hilfsmitteln unternommene Triangulierung im Meridian von Paris ergab: ein Meridianbogen südlich Paris 57097 Toisen, nördlich Paris 56960 Toisen. Das Ergebnis widersprach demnach der Ellipsoid-Hypothese und gab Anlass zu einem heftigen Streit der französischen und englischen Gelehrten. — Die Folge waren die wieder von Frankreich unternommenen Gradmessungsexpeditionen nach zwei in Bezug auf die Polhöhe sehr verschiedenen Orten: nach Peru 1735 durch Bouguer, Lacondamine nebst anderen, und nach Lappland 1736 durch Maupertuis, Clairaut, Celsius und andere. Das Ergebnis dieser mit vorzüglichen Hilfsmitteln unternommenen Messungen war: ein Meridiangradbogen in Peru unter der mittleren Polhöhe $-1^{\circ}31'$ ist 56736 Toisen, in Lappland unter der mittleren Polhöhe $+66^{\circ}20'$ ist 57438 Toisen. Damit war also mit Einschluss der Messungen in Frankreich das Zunehmen der Gradbogenlänge vom Aequator zum Pol, d. h. die polare Abplattung

$$\frac{a-b}{a}=\frac{1}{310}$$

bestätigt, und die Streitfrage im Sinne der Newton-Huygen'schen Theorie erledigt; es trat an Stelle der Hypothese der Kugelgestalt die des Ellipsoides.

Spätere Neubearbeitungen der französischen Messungen 1739 durch Cassini de Thury und Lacaille beseitigten auch die Widersprüche für das Meridianstück in Frankreich. — Weitere Gradmessungen brachten Bestimmungen an verschiedenen Punkten der Erdoberfläche hinzu und vermehrten das Material zur Bestimmung des Ellipsoides; so wurden in der zweiten Hälfte des 18. Jahrhunderts Gradmessungen ausgeführt am Kap der guten Hoffnung, im Kirchenstaat und in Oberitalien, in Oesterreich-Ungarn, in England, in Nordamerika, im englischen Ostindien und endlich 1792 durch Méchain und Delambre die grosse französische Gradmessung zur Einführung des metrischen Mass-Systems.

Durch diese mit den besten (gegenüber den älteren Messungen erheblich verfeinerten) Hilfsmitteln der damaligen Zeit durchgeführte Messung sollte unter Zugrundelegung der ellipsoidischen Erdgestalt aus dem in Frankreich liegenden Teile des Pariser Meridians mittelst einer von Barcelona bis Dünkirchen, über nahezu 10 Breitengrade sich erstreckenden Dreieckskette die Länge des Meridianquadranten vom Aequator bis zum Pol errechnet, und dessen zehnmillionter Teil als natürliche, am Erdkörper unveränderlich aufbewahrte Masseinheit bestimmt werden. Als Urmass für die Basismessung diente der bei der Peruanischen Gradmessung als Vergleichsmassstab benutzte und 1766 in Frankreich für alle wissenschaftlichen Massvergleichungen als Prototyp-Toise erklärte Toisenmassstab (Toise du Pérou), welcher somit die Grundlage unseres heutigen metrischen Masssystemes geworden ist. Am 24. Juni 1799 wurde bestimmt, dass 1 Meter bei 0° gleich 443,296 Pariser Linien der Peru-Toise bei 13° R = 16,25° C sein solle. (1 Toise = 864 Peru-Linien = 1949,040 mm des legalen Meters). Der als Endmassstab aus Platin gefertigte „étalon prototype du mètre“ wurde in den Archives nationales niedergelegt und trägt danach die Bezeichnung „mètre des Archives“.

## Die internationale Meterkonvention.

Aus diesem französischen Urmass wurde durch internationale Vereinbarung in der „internationalen Meterkonvention“ am 20. Mai 1875 unser heutiges gesetzliches Metermass abgeleitet. Als Organ der internationalen Vereinigung zur Anfertigung, Aufbewahrung und periodischen Vergleichung der Urmasse wurde in Bréteuil bei Paris gegründet das „Bureau internationale des poids et mesures“. Es wurden 30 internationale Urmasse aus einer Legierung von 90% Platin und 10% Iridium von nebenstehendem Querschnitt (Fig. 20) hergestellt, auf dessen vor Verzerrung möglichst geschützten inneren Fläche (bei A) zwei Striche bei der Temperatur des schmelzenden Eises den Masswert liefern. — Deutschland erhielt bei der durch das Los erfolgten Verteilung den Stab Nr. 18, welcher somit das deutsche Urmass bildet. Die Ueberwachung des deutschen Masssystems ist der „kaiserlichen Normaleichungskommission in Berlin“ übertragen. Zur Vergleichung der Gebrauchsinstrumente dienen sogenannte „Normalmassstäbe“, welche aus dem Urmass in absteigender Reihe nach der Genauigkeit der Massbezeichnung abgeleitet werden als „Urmasskopien“, „Hauptnormale“, „Kontrollnormale“ und „Gebrauchsnormale“.

Figur 20.

## Weitere Gradmessungen.

Diese grosse mit reichen Hilfsmitteln unternommene französische Arbeit bedeutete für die Erdmessung einen erheblichen Fortschritt durch die weitere Entwicklung der geodätischen Methoden, wobei besonders zu erwähnen sind die Namen Delambre, Méchaine, Borda, Laplace und Lagrange. — Der Anfang des 19. Jahrhunderts brachte eine Reihe weiterer Messungen, teils Neubearbeitung und Ausdehnung älterer Arbeiten, teils vollständig neue Unternehmungen, wie die inzwischen in Angriff genommenen trigonometrischen Landesvermessungen und andere Arbeiten, z. B. die Fortsetzung der englischen Gradmessung nach Norden bis zu den Shetlandinseln, der französischen nach Süden bis zu den Balearen, sowie die ausgedehnten Unternehmungen in Russland durch Struve und Tenner. Besonders aber sind hervorzuheben die dänische Gradmessung 1816 durch Schumacher und Andrae, die hannöversche 1821 durch Gauss, die ostpreussische 1831 durch Bessel und Baeyer. — Diese drei letzten an Umfang zwar kleinen Messungen sind von besonderer Bedeutung durch die exakte Ausbildung der Theorien der Beobachtungs- und Berechnungsmethoden, welche dadurch im wesentlichen auf den heutigen Standpunkt gebracht wurden. Es soll die Durchführung einer exakten Triangulierung mit Theodolit und Basisapparat an dem klassischen Beispiel der ostpreussischen Gradmessung in § 27 behandelt werden.

Vorher wollen wir das Wichtigste der Theorie der heutigen Messinstrumente und der entsprechenden Bestimmungsmethoden betrachten.

II. Abschnitt.

# Die wichtigsten geodätischen Instrumente und ihr Gebrauch.

## § 14.

Die wesentlichsten Bestandteile der zu besprechenden geodätischen Instrumente sind Libelle und Zielfernrohr.

### Die Libelle (Niveau, Wasserwage).

Die Libelle bestimmt die Richtung der Lotlinie und dient somit zur Herstellung lotrechter und wagrechter Linien und zur Messung geringer Abweichungen davon.

In einem mit Flüssigkeit und Luft gefüllten nach oben hin kugelförmig abgeschlossenen Gefäss (z. B. einer Glaskugel) sucht sich infolge des Auftriebs die eingeschlossene Luft die höchste Stelle aus und bildet dort eine flache linsenförmige Blase mit kreisförmigem Umfang. Durch den Mittelpunkt dieser kreisförmigen Blase wird der höchste Punkt der Kugelhaube bezeichnet, wie der in Figur 21 dargestellte Schnitt zeigt. Der durch diesen Punkt gehende Radius ist eine Lotlinie. Wird das Gefäss geneigt, so nimmt ein anderer Punkt desselben die höchste Stelle ein, und der Blasenmittelpunkt gleitet dorthin, so dass dieser Radius nunmehr eine Lotlinie darstellt. — Der Winkel, welchen die durch die beiden Blasenspielpunkte I und II bestimmten

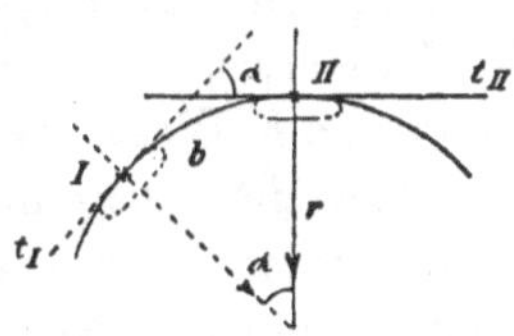


Figur 21.

Radien oder die zugehörigen Tangenten $t_I$ und $t_{II}$ im Querschnitt Figur 21 einschliessen, ist der Ausdruck für die Grösse der Neigung. Man nennt den von der Blase durchlaufenen Bogen b den „Ausschlag“ der Libelle. —

Es ist demnach

$$\alpha = \frac{b}{r} \varrho. —$$

Nach der äusseren Anordnung sind zu unterscheiden Dosenlibellen und Röhrenlibellen, welche entweder in fester Verbindung mit den zugehörigen Instrumenten Verwendung finden, oder als Aufsatz-, Reiter-, Hänge-Libellen.

Eine Dosenlibelle ist ein kleines mit Alkohol gefülltes Messinggefäss (2—4 cm Durchmesser) mit einem kugelförmig ausgeschliffenen Glasdeckel (1½—2 m Radius) überdeckt. Der Mittelpunkt mehrerer auf dem Glasdeckel aufgezeichneter konzentrischer Kreise bezeichnet einen „Richtpunkt“, dessen Radius „die Axe“ der Dosenlibelle heisst. — Da der Radius des Spielpunktes der Blase stets lotrecht steht, so steht auch die Axe der Dosenlibelle oder eine hierzu parallele Linie lotrecht, eine hierzu rechtwinklige Fläche wagrecht, sobald die Blase auf den „Richtpunkt“ eingestellt wird. In dieser Weise dient die Dosenlibelle zur allgemeinen Lotrechtrichtung der Axen der weiter unten beschriebenen Instrumente, wozu nur erforderlich ist, dass die Axe der Dosenlibelle parallel der lotrecht zu stellenden Instrumentaxe ist. — Diese Parallelstellung wird erzielt durch die sogenannte „Berichtigung der Libelle“ mit feinen Schräubchen, den „Berichtigungsschrauben“, welche eine kleine Neigung der Libelle ermöglichen. Dosenlibellen werden nur an kleinen Instrumenten oder zur groben Einrichtung verwendet. Zur scharfen Einstellung oder zur Messung feiner Abweichungen dient die Röhrenlibelle. — Denkt man sich das in Figur 21 dargestellte Stück eines flachen Kreisbogens um eine Sehne gedreht, so beschreibt dasselbe eine zum Vertikalschnitt symmetrische tonnenförmige Fläche. Wird eine derartige Fläche durch Ausschleifen an der Innenwand einer cylindrischen Glasröhre hergestellt, diese sodann

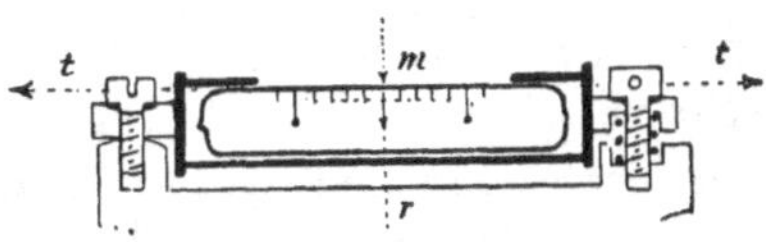

Figur 22.

mit Schwefeläther (einer sehr leichten Flüssigkeit) gefüllt und luftdicht verschlossen, so dass ein kleiner Teil des Innenraums frei von Flüssigkeit bleibt, so hat man eine „Röhrenlibelle". Das Glasrohr wird mit einer Fassung versehen und am Instrument befestigt, wie aus den Figuren 22, 36, 37, 38 und 48 ersichtlich ist. Bei nahezu wagrechter Lage der Röhrenmittellinie bildet sich an der höchsten Stelle des Innenraumes eine lang ausgezogene Blase von ovaler, genau symmetrischer Gestalt. Der höchste Punkt (m) ist der Mittelpunkt des Blasenraumes, die durch ihn gehende Mittellinie bezeichnet den Vertikalschnitt, in welchem der m entsprechende Krümmungsradius r lotrecht und die zugehörige Tangente t wagrecht steht. Der durch eine Neigung in dieser Vertikalebene entstehende Ausschlag und die hierfür geltende Beziehung entspricht der an

Figur 21 erläuterten. — Zur scharfen Bestimmung des Mittelpunktes der Blase (Spielpunkt) und der Ausschläge ist das Rohr mit einer Teilung (Pariser Linien = 2,26 mm oder auch Doppelmillimeter) versehen (vergl. Fig. 22). Denjenigen Winkel, welcher einem Ausschlag der Blasenmitte von einem dieser Teilwerte entspricht, nennt man die Angabe A der Libelle (auch wohl Empfindlichkeit). Die Beziehung zwischen Angabe A, Krümmungsradius r und Teilwert T ist

$$A'' = \frac{T}{r} \varrho''.$$

Die Angaben werden je nach der Verwendung am Messinstrument sehr verschieden gewählt, von etwa 1″ bis 1′ als feine oder grobe Libellen bei entsprechender Genauigkeit des Instrumentes. —

Ein in der Mitte der Libellenteilung liegender Teilstrich wird als „Richtpunkt“ (Normalpunkt) ausgewählt; die Tangente an dem so bezeichneten Punkt nennt man die „Axe der Röhrenlibelle“ (t in Fig. 22). Da die Tangente im Blasenmittelpunkt stets horizontal ist, so steht auch die Axe der Röhrenlibelle horinzontal, sobald der Blasenmittelpunkt auf den Richtpunkt eingestellt wird. In dieser Weise wird die Röhrenlibelle zur Lotrecht- und Wagrechtstellung der Axen der in § 17 u. ff. behandelten Messinstrumente benutzt, wozu nur erforderlich ist, dass die Axe der Röhrenlibelle rechtwinklig oder parallel der betreffenden Insrumentaxe ist, wie das die schematischen Figuren 23 andeuten. In der oberen Figur steht die Axe Z lotrecht, sobald die Libellenaxe t rechtwinklig mit ihr verbunden ist und die Blase beim Umdrehen um Z in allen Lagen auf den Richtpunkt m einspielt. Die untere Figur zeigt das Prinzip einer Aufsatz-Libelle („Reiterlibelle" z. B. Figur 37, 38, auf einer Instrumentaxe reitend, zuweilen auch mit Haken hängend als „Hängelibelle"); wird die Libelle in den Setzpunkten s s auf eine Linie (Axe) aufgesetzt, so ist diese horizontal, sobald t t parallel der Setzpunktlinie s s ist und die Blase auf den

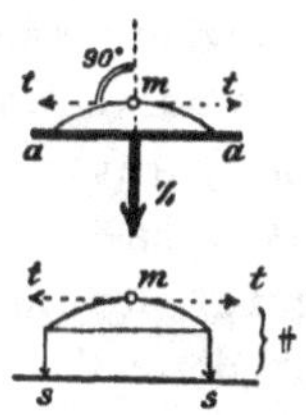

Figur 23.

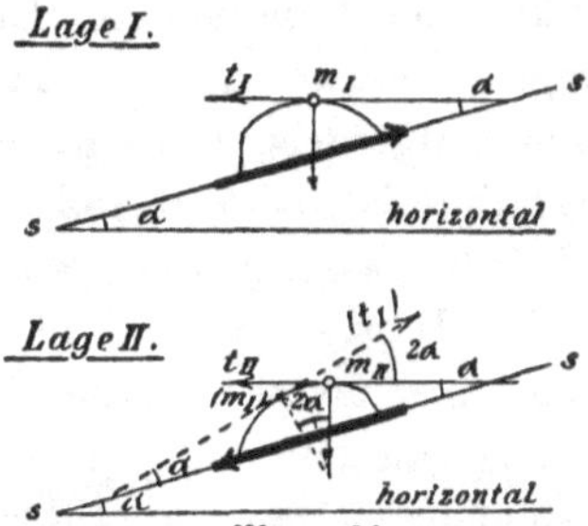


Figur 24.

Richtpunkt m einspielt. Eine besondere Bedeutung hat diese Aufsatz-Libelle als sogenannte „Axenlibelle" zur Bestimmung kleiner Neigungen gegen die Horizontale. Wird die Libelle in Figur 24 auf die Linie s s aufgesetzt, so spielt die Blase auf $m_I$ ein, wird die Libelle abgehoben und umgesetzt in die Lage II, so spielt die Blase auf $m_{II}$ ein, und der von den beiden Spielpunktstangenten oder den zugehörigen Radien eingeschlossene Winkel ist $2\,\alpha$, d. h. gleich der doppelten Neigung der Linie s s. — Wird demnach der Bogenausschag $m_I\, m_{II}$ in der Libellenteilung aus der Stellung der Blasenenden bestimmt, z. B. n Libellenteile, so ist bei bekannter Angabe A″ die Neigung $\alpha'' = {}^1/_2\, n\, A''$. — Die Mitte zwischen $m_I$ und $m_{II}$ bezeichnet den mittleren Spielpunkt; würden die Libellenfüsse so geändert (oder die

Libelle in ihrer Fassung um den Winkel $\alpha$ geneigt), dass die Blase auf diesen Punkt einspielte, so wäre die zugehörige Tangente parallel s s wie in Figur 23; würde die Libelle durch Neigen der Setzlinie so weit geneigt, dass die Blase dadurch auf den mittleren Spielpunkt einspielt, so stände die Linie s s horizontal. Es kann demnach die Libelle verwendet werden zur Bestimmung der Neigung von Linien sowie zur Horizontierung derselben, und es kann derjenige Punkt der Teilung aufgesucht werden, dessen Tangente parallel zur Setzlinie ist, oder umgekehrt, es kann durch Neigen der Libellenfassung die Tangente des Richtpunktes, d. h. die Libellenaxe, parallel zur Setzlinie gemacht werden. Dies nennt man die „Berichtigung" der Libelle, dazu dienen die „Berichtigungsschrauben", deren Wirkung (mit Gegenfeder) an der Libelle eines kleinen Instrumentes Fig. 22 veranschaulicht. — Für eine Axenlibelle sind noch seitliche Richtschrauben erforderlich, um eine Kreuzung der Libellenaxe mit der Lotebene der Instrumentaxe beseitigen zu können. Ist die Libelle mit einer lotrecht zu richtenden Axe Z wie in der oberen Figur 23 verbunden, so werden zur Berichtigung die beiden Lagen I und II durch eine Drehung von 180° um die Axe Z hergestellt. —

Die Libelle, welche schon in der Mitte des 17. Jahrhunderts von dem Franzosen Thévenot erfunden wurde, verdrängte im 18. Jahrhundert nach und nach das Fadenlot und bildet heute als wichtigstes Hilfsmittel zur scharfen Bestimmung der für alle Messungen an der Erdoberfläche grundlegenden Lotrichtung den wesentlichsten Bestandteil aller geodätischen Messinstrumente.

## § 15. Das Mess- oder Zielfernrohr.

Das zur scharfen Einstellung von Zielpunkten an den geodätischen Instrumenten dienende Fernrohr ist stets ein sogenanntes astronomisches, bestehend aus einem Objektiv und einem Okular, welche zur Beseitigung der Kugel- und Farbenabweichung aus besonders konstruierten Linsensystemen zusammengesetzt sind. — Das Objektiv wird gebildet durch eine Kron- und Flintglas-

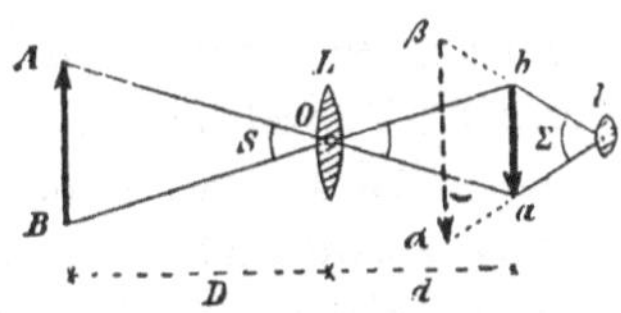


Figur 25.

linse nach Andeutung von L Figur 27, das Okular ist eine Linsenverbindung — in der Regel entsprechend der schematischen Darstellung l der Figur 27 — als sogenanntes Ramsden'sches Okular. Wird das Fernrohr als einfaches oder reduziertes mit dem Objektiv L und dem Okular l aufgefasst, so lässt sich nach Figur 25 die Entstehung des Bildes verfolgen. Vom Gegenstand AB entwirft das Objektiv in der Bildebene das umgekehrte verkleinerte Bild ab. Die Linien AOa und BOb sind die ohne Ablenkung durch den optischen Mittelpunkt O des Objektivs gehenden Hauptstrahlen. Der Abstand der Bildebene vom optischen Mittelpunkt O bestimmt sich nach der allgemeinen Linsenformel

$$\frac{1}{D} + \frac{1}{d} = \frac{1}{F},$$

worin D die Gegenstandweite, d die Bildweite und F

die Brennweite des Objektivs bedeutet. Wie die Umformung

$$d = F \frac{D}{D - F}$$

zeigt, ist d abhängig von D, aber nahe gleich F, sobald die Brennweite F klein im Vergleich zur Gegenstandweite oder „Zielweite“ D wird, und gleich F, sobald D unendlich oder sehr gross wird. Das Okular l wirkt als Lupe für die Betrachtung des Bildes a b, so dass das scheinbare Bild $\alpha\beta$ von dem hinter dem Okular befindlichen Auge wahrgenommen wird.

Die Vergrösserung V, welche das Fernrohrbild im Vergleich zur unmittelbaren Anschauung mit blossem Auge liefert, lässt sich zahlenmässig ausdrücken durch den Quotienten der Winkel $AOB = aOb = S$ und $aob = \alpha o \beta = \Sigma$, so dass ist

$$V = \frac{\Sigma}{S},$$

oder da bei der Betrachtung sehr entfernter Gegenstände $d = F$ wird, und bei der Lupe der Gegenstand sehr nahe dem Brennpunkt liegen muss,

$$V = \frac{F}{f},$$

wenn f die Brennweite des Okulars bedeutet.

Die Vergrösserung der an Messinstrumenten verwendeten Fernrohre schwankt je nach der Anforderung an die Zielgenauigkeit etwa zwischen 20- und 40fach; für grössere Instrumente wie Universalinstrumente (vergl. § 17) kann die Vergrösserung bis zu 80fach genommen werden, für kleinere Instrumente kann V auch geringer werden als 20fach.

Um das Fernrohr zum Zielfernrohr zu machen, wird in der Bildebene ab (Fig. 25) ein fester Punkt angebracht, der mit dem optischen Mittelpunkt O des Objektivs den „Zielstrahl“, die „Absehlinie“ bestimmt. Diese in der Bildebene anzubringende Zielmarke ist das „Fadenkreuz“, das ist ein auf eine feine Glasplatte eingerissenes Linienkreuz, oder in der Regel ein auf einem im Fernrohr angebrachten Rahmen p nach Figur 26 aufgespanntes Kreuz aus feinen Spinnfäden, so dass das Gesichtsfeld des Fernrohrs den Anblick von Figur 26 unten gewährt, wobei ein entfernter Kirchturm eingestellt erscheint. In der Regel werden an Theodoliten (Fig. 36—38) zwei Parallelfäden verwendet, wodurch eine schärfere Einstellung möglich ist. — Da das Fadenkreuz genau in der Ebene des vom Objektiv entworfenen Bildes stehen muss, ist der Fadenrahmen auf einem mit einem Trieb T verschieblichen Auszugsrohr angebracht; da fernerhin das Okular für jedes Auge so gestellt werden muss, dass das Fadenkreuz durchaus scharf erscheint, ist dasselbe für sich wieder verstellbar eingerichtet. Die schematische Figur 27 zeigt das Prinzip dieser Einrichtungen, während die äussere Anordnung des Fernrohrs aus den Figuren 36—38 und 48 sich ergiebt. Die in den Figuren am Okular sichtbaren Schräubchen sind „Berichtigungsschrauben“ für das Fadenkreuz, deren Bedeutung in § 17 ff. gezeigt werden wird. — An einzelnen Instrumenten (z. B. § 17,

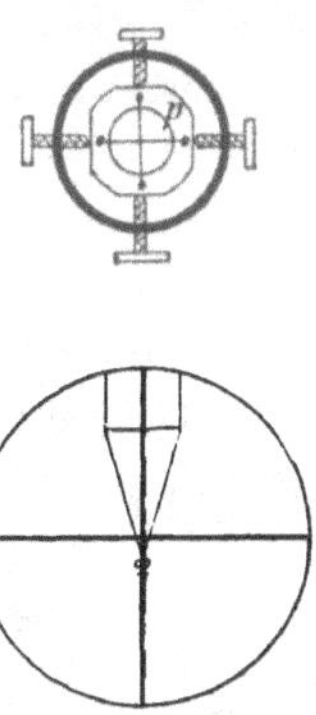


Figur 26.

Universal) wird ein sogenanntes „gebrochenes“ Fernrohr verwendet, d. h. ein Fernrohr, in dessen Mitte ein

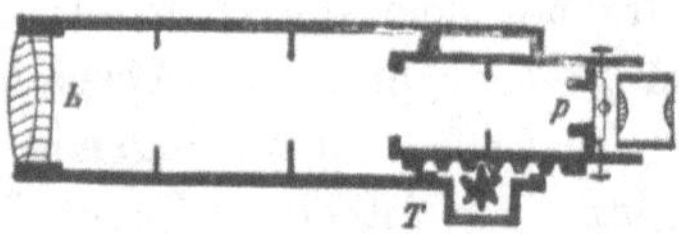


Figur 27.

Reflexionsprisma eingesetzt ist, welches die Absehlinie um 90° bricht. — Die Anordnung wird auch für Nachtbeobachtungen mit einer künstlichen Beleuchtung des Fadenkreuzes verbunden.

Nachdem das astronomische (Kepler'sche) Fernrohr, wie schon Seite 28 § 11 erwähnt, um die Mitte des 17. Jahrhunderts mit Einführung des Fadenkreuzes zum Zielinstrument ausgerüstet worden war, hat dasselbe in steter Vervollkommnung nach und nach die alte Ziel- und Absehvorrichtung, das „Diopter“ (wie Kimme und Korn am Gewehr) ganz verdrängt.

### § 16 Die Vorrichtungen zur scharfen Ablesung feiner Kreisteilungen.

Die an geodätischen Instrumenten angebrachten Kreise haben Durchmesser von etwa 12 cm bis 35 cm. In der Regel wird die Teilung des Quadranten in 90° (sog. alte Teilung 1° = 60′, 1′ = 60″) verwendet; die Centesimalteilung (sog. neue Teilung, der Quadrant in 100 Grad geteilt) wird bei astronomischen und grösseren geodätischen Instrumenten gar nicht, bei kleineren Instrumenten auch in Deutschland bisher selten gebraucht. In folgendem soll nur alte Teilung berücksichtigt werden. Die Teilung wird auf einem in die Kreisplatte oder Ring (vergl. Fig. 34—38) eingelassenen Silberstreifen durch feine Striche angebracht; hierzu dient die „Kreisteilmaschine", welche eine auf das sorgfältigste geprüfte „Mutterteilung" besitzt. — Je nach der Grösse des Instrumentes und dem dieser entsprechenden Durchmesser des Kreises wird $1^0$ in 2 Teile ($^1/_2{}^0 = 30'$), 3 Teile ($^1/_3{}^0 = 20'$), 6 Teile ($^1/_6{}^0 = 10'$), oder 12 Teile ($^1/_{12}{}^0 = 5'$) geteilt. Um nun in einer solchen Teilung die Stellung eines Zeigers, z. B. Z in Fig. 28 oben, welche unmittelbar zu 11,5 geschätzt werden kann, scharf zu bestimmen, dienen verschiedene Ablesehilfsmittel.

## Der Nonius.

Der Nonius ist ein längs der abzulesenden Teilung T (Fig. 28) verschieblicher Hilfsmassstab mit einem Teilintervall N, welches um einen bestimmten Betrag a = T — N kleiner ist als das Intervall T der Teilung. Damit ist der Abstand der in Bezug auf die koinzidierenden Striche c einander entsprechenden Striche der Reihe nach a, 2a, 3a ... Es ist demnach der Abstand des Zeigers Z, das ist der Nullstrich des Hilfsmassstabes, vom vorhergehenden Teilstrich 11, also die gesuchte Ablesung 11 + 3 × a, allgemein + m × a = dem Produkt aus der Anzahl m der Differenzen a vom Koinzidenzstrich c aus gezählt. — Beim Nonius ist a als ein aliquoter Teil von T gegeben durch die Beziehung

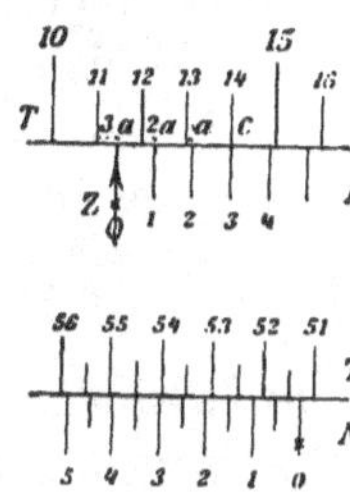

Figur 28.

$$na = n(T - N) = T,$$

so dass $a = T - N = \frac{T}{n}$ und $(n - 1) T = n N$ ist. Werden umgekehrt die Intervalle N des Hilfsmassstabes grösser als T genommen, so ist

$$na = n (N - T) = T \text{ und}$$

$$a = N - T = \frac{T}{n}, \text{ sowie } (n + 1) T = n N.$$

Bei der ersten am meisten gebrauchten Anordnung spricht man von einem nachtragenden, bei der letzten von einem vortragenden Nonius. Die Differenz

$$a = \frac{T}{n} = T - N \text{ (bezw. } N - T)$$

nennt man die „Angabe" des Nonius. Zur sicheren und schnellen Ausführung der vorstehend angedeuteten Ablesung muss die Bezifferung dem Zweck entsprechend eingerichtet sein. Figur 28 unten zeigt z. B. ein Stück eines Nonius für eine Kreisteilung mit $T = {}^1/_2{}^0$, und $n = 60$; die Ablesung ist $51^0\ 3'\ 30''$. Die Angabe ist

$$a = \frac{T}{60} = \frac{30'}{60} = {}^1/_2{}' = 30'';$$

der nach 3 folgende 7. Zähl-Strich koinzidiert, also $7 \times a = 7 \times {}^1/_2{}' = 3'\ 30''$, wie durch die Bezifferung direkt angegeben wird. In ähnlicher Weise ist die Anordnung bei der Teilung des Kreises in ${}^1/_3{}^0$ oder ${}^1/_6{}^0$; im letzteren Fall wird sehr häufig schon das weiter unten dargestellte Ablesemikroskop angewendet. In der Regel wird zur Ablesung der feinen Teilungen eine Lupe verwendet, wie Figur 36 zeigt.

Der Nonius findet seit dem 17. Jahrhundert allgemeine Anwendung zur Ablesung der Feinteilungen an

Messinstrumenten, nachdem er 1631 von Vernier in Brüssel angegeben war. Benannt wird er nach einem ältern von Nonius (Nuñez) angegebenen Ablesehilfsmittel.

## Das Ablesemikroskop.

### a. Das Skalen- oder Strich-Mikroskop (auch Strichmikrometer).

Wird in der Bildebene eines einfachen Mikroskops, dessen schematische Darstellung in Figur 29 derjenigen des Fernrohrs in Figur 27 entspricht, auf einer Glasplatte eine feine Teilung M angebracht, z. B. 10 Intervalle, so kann durch entsprechende Verschiebung des

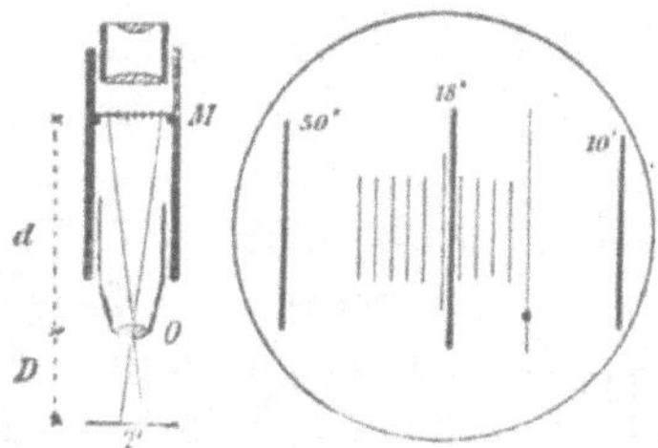


Figur 29.

Objektivs O gegen die Teilung T und der Feinteilung M gegen das Objektiv, welche nach Andeutung der Figur möglich ist, das Mikroskop so eingestellt werden, dass in der Bildebene sich das Bild des Teilintervalles T der Teilung genau mit den Endstrichen der Feinteilung deckt. Die zu dieser Einstellung erforderliche Prüfung und Berichtigung gründet sich auf die schon Seite 43 erwähnte allgemeine Linsenformel

$$\frac{1}{D} + \frac{1}{d} = \frac{1}{F}.$$

Figur 29 zeigt rechts den Anblick, welchen das Gesichtsfeld eines Strichmikroskops gewährt, danach ist die gesuchte Ablesung 18° 4,5′, wobei also die letzte Stelle in einem um $^1/_{10}$mal kleineren Intervall als das der Hauptteilung zu schätzen ist.

### b. Das Schraubenmikroskop.

Wird in Figur 30 der auf einer Mutter m angebrachte Zeiger Z durch Umdrehung der Schraube S bewegt, bis er mit dem vorhergehenden Teilstrich 2 koinzidiert, wobei er also den Weg Z — 2 durchlaufen hätte, so lässt sich aus dieser Bewegung der Schraube das abzulesende Stück bestimmen, sobald die Beziehung der Ganghöhe der Schraube zum Teilintervall T bekannt ist. Würde z. B. eine volle Umdrehung der Schraube den Zeiger genau um ein Teilintervall fortbewegen, so können Teile (z. B. $^1/_{100}$) des Intervalles unmittelbar als Teile der Umdrehung an dem eingeteilten Kopf K der Schraube, der sogenannten „Trommel“, an der festen Marke i abgelesen werden. Die Schraube wird durch die Spiralfedern f mit ihrer Spitze stets sanft gegen die feste Wand W gedrückt, so dass sie in ihrem Lager unveränderlich festgelegt ist, und nur die Mutter mit dem Zeiger bei einer Umdrehung sich bewegt. Eine derartige Feinmessschraube nennt man eine „Mikrometerschraube“.

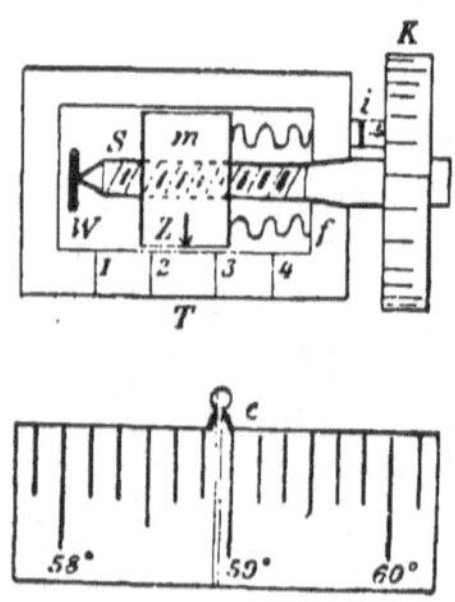

Figur 30.

Das hier angedeutete Prinzip der Messung mit der

Mikrometerschraube giebt in Verbindung mit der mikroskopischen Vergrösserung als sogenanntes „Schraubenmikroskop“ das feinste Ablesehilfsmittel für die Teilungen von Instrumenten.

Die Mikrometerschraube, welche einen in einem Kasten gelagerten, die Mutter der Schraube enthaltenden Schlitten bewegt, ist mit dem Mikroskop so verbunden, dass ein auf diesem Schlitten aufgespannter Spinnfaden (wie beim Fadenkreuz des Fernrohrs Seite 45) sich in der Bildebene des Objektivs O befindet, entsprechend der Feinteilung M in Figur 29, und durch das Okular betrachtet werden kann. In Figur 38 ist die äussere Anordnung der Mikroskope ersichtlich. Wird nun der Faden (in der Regel ein Doppelfaden) durch Umdrehen der Schraube mit dem Bilde des vorhergehenden Teilstriches (58° 50′) zur Deckung gebracht, (Fig. 30 unten zeigt den Anblick im Gesichtsfeld des Mikroskops), so bezeichnet die am Zeiger der Trommel genommene Ablesung den gesuchten Teilwert, wobei die Nullstellung der Trommel den Anfang der Zählung und die Marke c eine feste Schraubenstellung angiebt. Wenn einem Teilintervall mehrere Umdrehungen der Schraube entsprechen, so wird neben dieser Marke ein Zählrechen erforderlich. — Das Schraubenmikroskop muss sowohl auf die Abstimmung der Schraubenbewegung mit dem Teilintervall, sogenannter „Gangfehler“ (gerade wie beim Strichmikroskop), als auch auf die richtige Stellung der Nullmarken sorgfältig geprüft werden.

Wenn z. B. für einen in $^1/_{12}{}^0 = 5'$ geteilten Kreis fünf Umdrehungen der Schraube genau einem Kreisteilintervall entsprechen, eine Umdrehung also 1′, so giebt bei Teilung der Trommel in 60 Teile einer dieser Teile 1″ an, wovon noch der zehnte Teil, also 0,1″ durch Schätzung erkannt werden kann. Danach lässt sich ein Bild von der Genauigkeit dieser Ablesevorrichtung, mit der zur Zeit alle grösseren Instrumente ausgerüstet werden, gewinnen.

## § 17. Der Theodolit.

Das wichtigste und für alle grundlegenden Messungen unentbehrliche Winkelmessinstrument ist heute der Theodolit.

Snellius hatte, wie in § 5 erwähnt, bei seiner Triangulierung einen einfachen Winkelquadranten mit Diopteren benutzt; und noch bei der grossen französischen Gradmessung im letzten Jahrzehnt des 18. Jahrhunderts war im Prinzip dasselbe Instrument zur Anwendung gekommen, ein mit Zielfernrohren und Nonien versehener Vollkreis (Borda'scher Repetitionskreis), dessen Ebene auf einem mit Kugelgelenk versehenen Stativ in die Ebene der Ziellinien gebracht wurde, so dass der Horinzontalwinkel erst nach Messung der Vertikalwinkel für die Zielstrahlen durch eine Reduktionsrechnung aus diesem geneigten Winkel (Positionswinkel) errechnet werden musste. Obwohl nun bei allen bis dahin unternommenen Gradmessungen nach dieser heute längst verlassenen und umständlich erscheinenden Methode verfahren worden war, so lässt sich doch der Grundgedanke des heutigen Instrumentes, welches Vertikal- und Horizontalwinkel gleichzeitig, aber unabhängig voneinander zu bestimmen gestattet, als „Altazimut“, verfolgen bis zurück zur Blütezeit der Araber im 8. Jahrhundert

(Seite 13). Aber dies im 15. bis 17. Jahrhundert oft in grossen Dimensionen (Fig. 31) hergestellte Instrument ist erst in der zweiten Hälfte des 18. Jahrhunderts zuerst durch englische Mechaniker zum transportablen und exakten geodätischen Instrument ausgebildet worden, danach seit Beginn des 19. Jahrhunderts zur allgemeinen Anwendung gelangt, und hat bald auch die mit drehbaren Diopterarmen versehenen auf einem Stativ festaufzustellenden Kreisscheibeninstrumente (Astrolabien), sowie die Bussole § 23 aus der Feldmessung verdrängt.

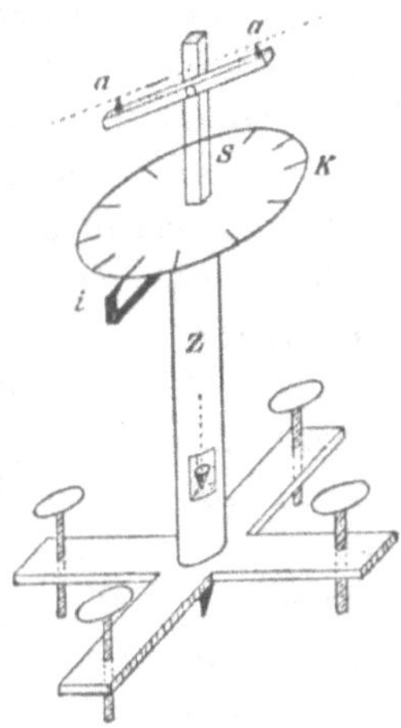

Figur 31.

Der englischen Abkunft der heutigen Instrumentform scheint auch der Name zuzuschreiben zu sein. Es wird angenommen, dass derselbe entstanden ist aus dem englischen Klang des arabischen Wortes Alhidade, engl. the alhidade, welches den um das Centrum eines Messkreises oder Quadranten drehbaren, die Ziel- und Ablesevorrichtung tragenden Arm bezeichnet. Mit dieser Ableitung würde ausgedrückt sein, dass das Wesen des neuen Instrumentes zu erkennen sei, in der dieser Alhidade zufallenden Aufgabe der selbstthätigen Projektion der Zielstrahlen auf den Horizont.

Das Grundprinzip möge erläutert werden an einem um die Mitte des 17. Jahrhunderts beschriebenen groben Instrument aus Holz von $1^1/_4$ m Höhe, welches zur unmittelbaren Aufstellung über den Messungspunkten im

Felde, ohne Stativ, eingerichtet war. — Auf einem mit vier Schrauben auf dem Boden ruhenden Kreuz erhebt sich eine mit einem Fadenlot lotrecht zu stellende Säule Z, welche einen festen Ablesezeiger i und um einen lotrechten Zapfen drehbar einen wagrechten geteilten Kreis K trägt. Im Mittelpunkt dieses Kreises steht ein Stab S, welcher an einem wagrechten Zapfen ein mit Zielspitzen aa versehenes Lineal trägt, so dass dieses in einer lotrechten Ebene gekippt werden kann. Es beschreibt also beim Kippen dieses Lineals die auf einen Zielpunkt eingestellte Absehlinie die durch die Lotlinie des Aufstellungspunktes (Standpunkt) und den Zielpunkt bestimmte lotrechte Ebene; man nennt eine solche Ebene eine „Richtungsebene“, oder kurzweg eine „Richtung“.

Der Gebrauch des Instrumentes zur Messung von Horizontalwinkeln ist damit ohne weiteres klar. — Nach Lotrechtstellung der Säule Z über dem Messungspunkte mit Hilfe des Fadenlotes wird mit dem Ziellineal ein Zielpunkt (einerlei ob hoch oder tief gelegen) eingestellt, und am Zeiger i die Kreisstellung, die „Richtung“ $r_1$ abgelesen, sodann in rechtsläufigem Sinne, der Uhrzeigerbewegung folgend, ein zweiter oder eine Reihe weiterer Zielpunkte eingestellt, die zugehörigen Kreisablesungen $r_2\, r_3 \ldots r_n$ genommen, und daraus die erforderlichen Winkel gebildet, wie Figur 32 zeigt. Sind nur je zwei Richtungen eingestellt, so hat man unabhängige Winkel nach der Beziehung $w_{1-2} = r_2 - r_1$; hat man eine ganze Reihe von Richtungen im Zusammenhange eingestellt, so kann man alle dadurch gebildeten Winkel ableiten, z. B. $w_{2-4} = r_4 - r_2$ u. s. w.

Wenn mit dem Ziellineal ein geteilter Kreis (oder Quadrant etc. mit lotrechter Fläche), dessen Centrum in den Drehpunkt fällt, wie Figur 33 andeutet, fest verbunden wird, und ein Ablesezeiger i' an der Säule S mit einem Fadenlot in die Lotlinie des Drehpunktes gebracht wird, so können mit diesem „Höhen-“ oder „Vertikal-Kreis“ sofort Höhenwinkel $\alpha$ oder Zenitwinkel z abgelesen werden, sobald nur der Kreis so befestigt ist, dass bei wagrechter oder lotrechter Zielung die Ablesung 0° ist.

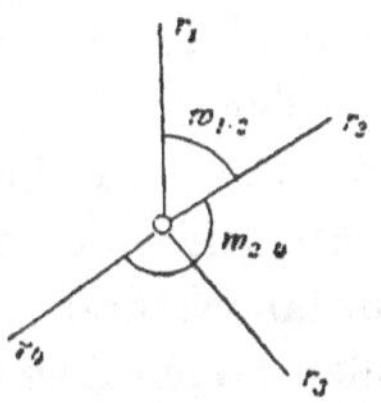

Figur 32.

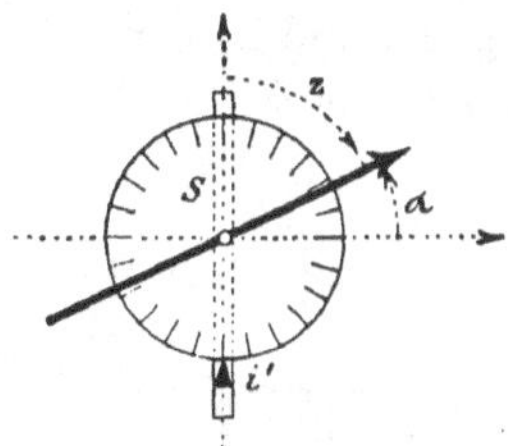

Figur 33.

Nach dieser Vorbereitung ist die Einrichtung und der Gebrauch der heutigen mit Libelle, Zielfernrohren und den in § 16 beschriebenen Ablesevorrichtungen ausgerüsteten Theodoliten leicht verständlich. — Die Anordnung der Instrumente ist je nach dem Zweck verschieden. Soll das Instrument nur zur Messung von Horizontalwinkeln dienen, so wird kein Vertikalkreis angebracht, man hat den „einfachen Theodoliten“, soll das Instrument zur Messung von Horizontal- und Vertikalwinkeln dienen, so hat man den „vollständigen Theodoliten“, welcher ausgebildet sein kann als „Universalinstrument“ für die astronomischen Bestimmungen der Polhöhe, der Meridianrichtung und des Azimutes, und für geodätische Feinarbeiten bei der Triangulierung (Gradmessungs- und Landestriangulierung), oder auch für die Kleintriangulierung, oder endlich ausgerüstet mit distanzmessendem Fernrohr und Bussole als „Tachymeter“ (Schnellmesser), sowie auch neuerdings mit einer photographischen Kammer als photogrammetrischer Theodolit, sogenannter „Phototheodolit“.

Je nach diesen verschiedenen Zwecken schwankt der Durchmesser der Kreise etwa zwischen 10 cm und 35 cm, wobei die Kreisteilung nur bis auf 1° oder bis auf $^1/_{12}$° geht, und dementsprechend die Ablesevorrichtungen (Nonien oder Mikroskope) eine Ablesung bis auf 1′ oder Bruchteile der Sekunde gestatten; die Fernrohre haben Vergrösserungen von etwa 15fach bis 60fach und mehr, die Libellen zeigen Angaben von 1′ bis zu wenigen Sekunden (5″).

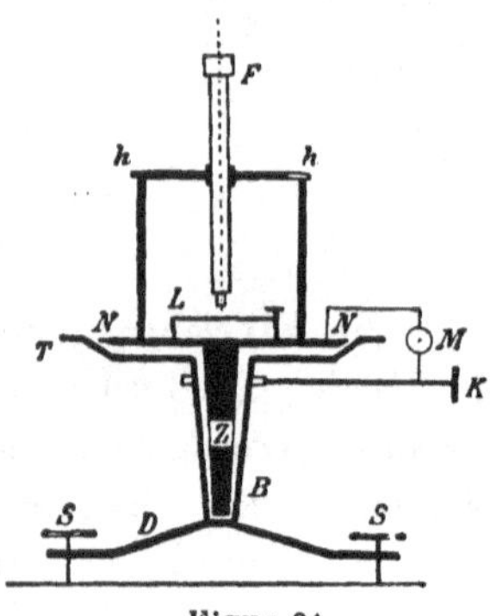

Figur 34.

Figur 34 zeigt den schematischen Schnitt eines „einfachen Theodoliten“. — Auf einem Dreifuss D aus Metall (Messing) mit Fussstellschrauben S versehen, erhebt sich eine konisch ausgebohrte Hohlaxe (Büchse) B, an welcher rechtwinklig zur Axenmittellinie eine Kreisplatte angebracht ist, welche auf einem in das Metall eingelegten schmalen Silberring (dem „Limbus“) die Teilung T aufnimmt. In der Hohlaxe dreht sich eine entsprechend konisch abgedrehte Stahlaxe Z, die eine starke Platte trägt, auf welcher zwei um 180° voneinander abstehende Nonien N angebracht sind. Auf dieser Platte erheben sich zwei Tragstützen für das Fernrohr F, welches mit zwei Axzapfen, der „Kippaxse" oder „Horizontalaxe" hh in entsprechenden Lagern des Trägers ruht. Steht die Absehlinie des Fernrohrs F rechtwinklig zu dieser Kippaxe, und ist diese horizontal (Horinzontalaxe), so beschreibt die Absehlinie des Fernrohrs beim Kippen eine lotrechte Richtungsebene. Zur Lotrechtstellung der Drehaxse Z, damit sie die Lotlinie des Messungspunktes darstellt, dient eine auf der Platte oder am Fernrohrträger angebrachte Libelle L, welche mit den Fussstellschrauben zum Einspielen gebracht werden muss. Die Wagrechtstellung der Kippaxe hh wird entweder durch eine auf die Axzapfen gesetzte „Axenlibelle" erreicht, oder auch bei kleinen Instrumenten durch die Konstruktion, bei fester Verbindung von hh mit Z, erzielt. Bei grösseren Instrumenten wird stets eine besondere Axenlibelle zum Horizontieren oder Nivellieren (§ 14) der Axe verwendet.

Zur scharfen Einstellung der Absehlinie des „Fernrohrs auf den Zielpunkt dient die „Feinstellvorrichtung" M, das ist eine feine Schraube (Mikrometerschraube), welche durch eine Klemmschraube K mit dem Unterbau B fest verbunden werden kann und einen am drehbaren Oberbau angebrachten Mitnehmer, der durch eine Feder gegen die Mikrometerschraube gedrückt wird, bewegt. Eine ähnliche Feinstellvorrichtung ist am Fernrohrträger zur Ausführung feiner Kippbewegungen des Fernrohrs angebracht. Somit hat man eine horizontale und vertikale Feinbewegung.

Ob die aus der Theorie des Theodoliten sich ergebenden Bedingungen, dass die Drehaxe Z lotrecht, die Kippaxe hh wagrecht, die Absehlinie rechtwinklig zu dieser steht, und die deswegen nach § 14 an die Libellen zu stellenden Anforderungen erfüllt sind, muss sorgfältig geprüft werden. Die Anordnung dieser Prüfung und die dementsprechende „Berichtigung“ an den „Berichtigungsschrauben“ der Libellen, des Fadenkreuzes und der Axenlager hängt von der Konstruktion des Instrumentes ab; es sei nur erwähnt, dass sobald die Drehaxe Z genau lotrecht gerichtet ist, die übrigen Axenfehler einschliesslich einer etwaigen seitlichen Stellung (Excentricität) des Fernrohrs durch Messung in zwei „Fernrohrlagen“ durch das sogenannte „Durchschlagen“ bezw. „Umlegen“ des Fernrohres, wobei Horizontalaxe und Fernrohr um 180° gedreht werden, aufgehoben werden. Es wird daher stets eine Richtung in „zwei Lagen“ gemessen, und ausserdem an zwei um 180° voneinander abstehenden Zeigern (Nonien oder Mikroskopen) abgelesen, wodurch ein etwaiges Nichtzusammenfallen (Excentricität) der Zeigerlinie mit dem Kreiscentrum bezw. der Drehaxe beseitigt wird. Bei schweren Instrumenten ist eine besondere Umlegevorrichtung für das Fernrohr erforderlich, auch finden hierbei zuweilen vier sich zu je zwei gegenüberstehende Ablesemikroskope Anwendung. Für solche Instrumente wird in der Regel auch eine andere Anordnung der Hauptaxe gewählt, wie Figur 38 zeigt. Auf dem Dreifuss ist ein fester Axzapfen aufgestellt, welcher den Horizontalkreis mit der Teilung trägt. Auf dieser festen Axe dreht sich eine die Fernrohrträger und die Mikroskope haltende Büchse.

Vielfach finden Instrumente mit doppeltem Axen system, sogenannte „Repetitionstheodolite“, Verwendung, bei welchen auch der Kreis um eine besondere Axe drehbar ist, so dass eine mechanische Aneinanderreihung, eine „Repetition“ der Winkel möglich ist. Die Konstruktion dieser Axenanordnung ist eine verschiedene. Bei Instrumenten, welche nicht derartige Doppelaxen haben, ist der Kreis auch nicht immer fest mit der Büchse verbunden, sondern sitzt mit Reibung auf der Büchse fest, so dass er eine beliebige Drehung gestattet (vergl. § 18).

Das Fernrohr, welches in Figur 34, 36 und 37 mitten über der Lotaxe Z sich befindet, kann auch seitlich ausserhalb des Fernrohrträgers „excentrisch“ angeordnet sein (Fig. 38), wodurch es möglich wird sehr steile Zielungen auszuführen, was sonst durch den Horizontalkreis verhindert ist und besonders für die astronomischen Bestimmungen notwendig wird. Dasselbe kann auch durch das in § 15 erwähnte „gebrochene“ Fernrohr erreicht werden. Wird mit einem solchen excentrischen Fernrohr ein Zielpunkt eingestellt, so erscheint die Richtung gegen die durch die Axe Z bestimmte um einen gewissen Betrag seitlich verschoben; wird nun der Zielpunkt bei „durchgeschlagenem“ Fernrohr in der „zweiten“ Lage eingestellt, so tritt die gleiche Verschiebung an der entgegengesetzten Seite auf, so dass das Mittel aus den den beiden Einstellungen, entsprechenden Ablesungen die vom Einfluss der Excentricität des Fernrohrs befreite Ablesung darstellt.

Sollen die Instrumente auch zur Messung von Vertikalwinkeln eingerichtet und zum „vollständigen

Theodolit" oder Universalinstrument ausgerüstet werden, so wird centrisch auf die Kippaxe h des Fernrohres ein geteilter Kreis (Vertikalkreis, Höhenkreis) aufgesetzt. Um dieselbe Axe drehbar wird sodann ein Zeigerarm mit einem oder mehreren Nonien N (oder Mikroskopen), Figur 35, angebracht, denen mit Hilfe einer Libelle L durch die Schraube S mittelst des Armes A stets dieselbe Neigung gegen die Horizontale bezw. Vertikale erteilt werden kann, so dass in der Teilung des mit dem Fernrohr drehbaren Kreises die Vertikalwinkel abgelesen werden können.

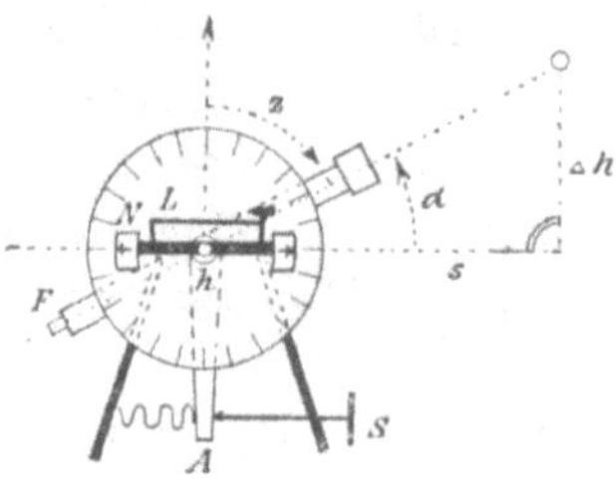

Figur 35.

Zuweilen sind auch Libelle und Ablesezeiger am Fernrohrträger fest angebracht und werden durch die Fussschrauben des Dreifusses eingestellt. Ist dann bei wagrechter oder lotrechter Zielung die Ablesung am Zeiger 0°, so erhält man sofort richtige Höhenwinkel α oder Zenitwinkel z. Um den Einfluss der verschiedenen Abweichungen in der hierdurch gegebenen Normalstellung von Kreis, Zeiger, Absehlinie und Libellenaxe zu einander aufzuheben, werden auch die Vertikalwinkel stets in zwei entgegengesetzten Lagen des Kreises gemessen, wodurch diese Abweichung, der sogenannte „Indexfehler," bestimmt und in Rechnung gesetzt, oder auch durch „Berichtigung" beseitigt werden kann. Bei sehr grossen Fernrohren muss hierbei ferner die durch die Schwere entstehende Formänderung, die sogenannte „Biegung" des Fernrohres in Rücksicht gezogen werden.

Die Figuren 36 bis 38 zeigen einige Instrumente, deren Einrichtung nach dem Vorstehenden verständlich sein wird. Figur 36 stellt den Typus des einfachen Theodoliten mit Doppelaxe entsprechend Figur 34 dar; Figur 37 den vollständigen Theodoliten (vergl. auch Tachymeter § 22); Figur 38 ein grösseres auch für die astronomischen Bestimmungen geeignetes Universalinstrument mit fester Stehaxe und excentrischem Fernrohr.

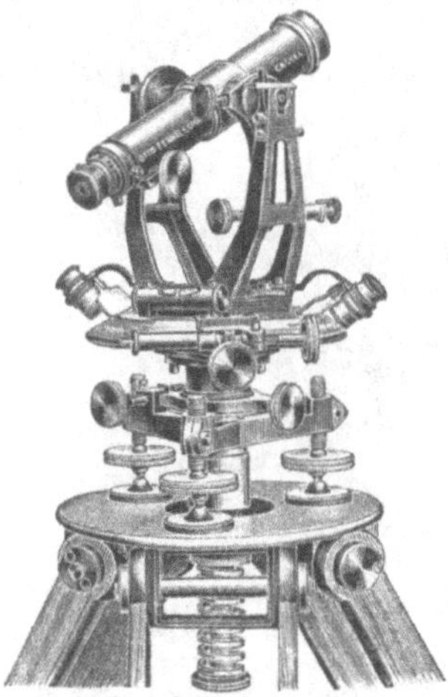

Figur 36.

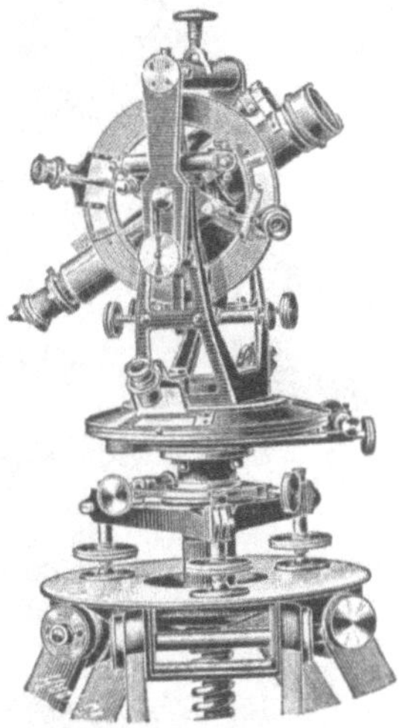

Figur 37.

Kleine Instrumente werden für den Feldgebrauch auf einem dreibeinigen Stativ, wie aus Figur 36 und 37 ersichtlich ist, aufgestellt. Die Lotaxe wird mit Hilfe eines angehängten Schnurlotes oder einer anderen mechanischen oder optischen Ablotvorrichtung genau in die Lotlinie eingerichtet, wozu eine Verschiebung des Instrumentes auf dem Stativ erforderlich ist.

Figur 38.

## § 18. Das Wichtigste über den Gebrauch der Theodoliten bei den verschiedenen Messungsverfahren.

### Die Messung von Horizontalwinkeln oder Richtungen bei der Triangulierung.

Um für die Haupttriangulierungen möglichst genaue Ergebnisse zu erlangen, werden grosse Theodolite mit etwa 25—30 cm Kreisdurchmesser und Schraubenmikroskopen verwendet, für untergeordnete Triangulierungen (vergl. §§ 34, 40) kleinere Instrumente, wie auf Seite 56 angegeben. — In der Regel handelt es sich um die Bestimmung einer Anzahl von Richtungen, z. B. 1, 2, 3 . . 6. — Das Instrument wird genau über dem Messungspunkte aufgestellt und mit der Libelle die Hauptaxe lotrecht gerichtet. Die schon S. 54 angegebene einmalige in rechtsläufigem Sinne aufeinander folgende Anzielung der Zielpunkte, wobei jeder Punkt unter Benutzung der Feinstellvorrichtung mit dem Vertikalfaden des Fernrohres (vergl. Fig. 26) scharf eingestellt wird, und die zugehörigen Kreisablesungen ergeben einen „einfachen Richtungssatz" (Gyrus). Die nach Seite 58 erforderliche Beobachtung in der zweiten Fernrohrlage zur Tilgung der Axenfehler, welche zur möglichsten Beseitigung des Einflusses etwaiger Drehungen (Stativ) in rückläufiger Reihe erfolgt, liefert den zweiten Halbsatz, und das arithmetische Mittel aus den beiden Halbsätzen den vollständigen Satz. Zur Erhöhung der Genauigkeit, Herabminderung der Kreisteilungs-, Ablesungs- und Einstellungsfehler ist eine mehrfache Wiederholung dieser Satzbeobachtungen erforderlich. Hierbei werden die einzelnen Sätze derart angeordnet, dass alle Ablesungen für eine Richtung gleichmässig über den Kreis verteilt werden, wozu eine nach bestimmten Regeln erfolgende Verstellung des Horizontalkreises vorgenommen wird. Bei Hauptriangulierungen werden bis zu 12 Sätze gemessen, so dass jeder Zielpunkt 24mal eingestellt wird, bei Kleintriangulierungen werden 3—6 Sätze gemessen. Die Beobachtungskunst hat für die Ausführung dieser Messungen besondere Regeln aufgestellt. — Ein besonders exaktes Verfahren ist bei der preussischen Landestriangulierung durch Schreiber entwickelt worden. — Um den schädlichen Einfluss des durch das Aufsteigen der erwärmten Luft entstehenden sogenannten „Flimmerns“ zu vermeiden, ist die Ausführung feiner Beobachtungen auf die Nachmittagsstunden beschränkt. — Die auf einem Punkte beobachteten Winkel oder Richtungen werden, um aus den unmittelbaren Beobachtungsergebnissen die wahrscheinlichsten Werte abzuleiten, einer Ausgleichung nach den Regeln der Methode der kleinsten Quadrate, der sogenannten „Stationsausgleichung“, unterworfen. Die Fehler derartig festgestellter Winkel sind bei Verwendung grosser Instrumente für Haupttriangulierung stets kleiner als 1″, bei Verwendung kleinerer Instrumente für Kleintriangulierung übersteigen sie nicht einige Sekunden.

In vielen Fällen ist durch örtliche Hindernisse, besonders bei der Aufstellung des Instrumentes auf hohen Beobachtungsgerüsten, auf Gebäuden (z. B. auf den Galerien der Kirchtürme), der Instrumentenstand nicht identisch mit dem eigentlichen Dreieckspunkte, dem „Centrum“ der Station. In solchen Fällen ist das

Beobachtungsergebnis auf die centrale Sicht umzurechnen, zu „centrieren“. — Figur 39 erläutert das Prinzip dieser Reduktion. — Wird das auf dem „excentrischen“ Standpunkt S gemessene Richtungssystem auf die Centrallinie nach dem Centrum C als Anfangsrichtung bezogen und mit $\varepsilon_1$ $\varepsilon_2$ $\varepsilon_3$ ... und das gesuchte centrische mit $\alpha_1$ $\alpha_2$ $\alpha_3$ . . - bezeichnet, so ist für den Zielpunkt 1 nach der Figur $\alpha_1 = \varepsilon_1 + \delta_1$, und $\delta_1$ zu berechnen aus

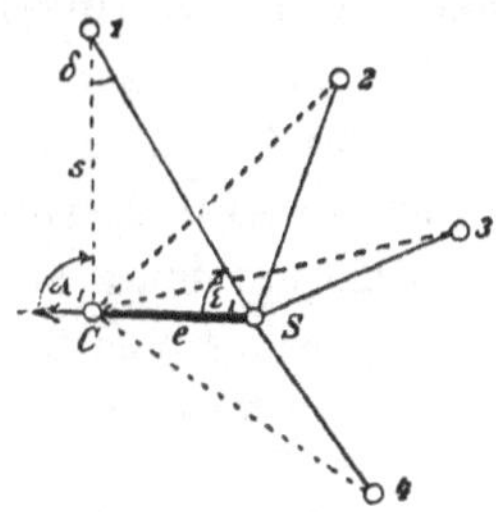

Figur 39.

$$\sin \delta_1 = \frac{e}{s_1} \sin \varepsilon_1.$$

In dieser Weise kann die Umrechnung für alle Richtungen erfolgen. Die Linie CS, die sogenannte „Excentricität“ e, muss hierzu sehr scharf ermittelt werden. Kann diese Entfernung nicht direkt gemessen werden, wie das z. B. besonders bei der Aufstellung auf Kirchtürmen der Fall ist, so sind Hilfsmessungen erforderlich, welche in § 7 an den Figuren 12—14 schon erwähnt sind.

## § 19. Die Messung von Vertikalwinkeln.

Das Instrument wird ebenso aufgestellt wie in § 18, der Zielpunkt mit dem horizontalen Faden (vergl. Fig. 26) des Zielfernrohrs scharf eingestellt. Hierbei muss die Libelle des Höhenkreises genau einspielen, oder es wird die Stellung der Blase abgelesen und die dieser Stellung entsprechende Reduktion in Rechnung gebracht. Die Ablesung des Vertikalkreises giebt je nach der Bezifferung desselben Höhenwinkel $\alpha$ oder Zenitwinkel z. Danach werden in gleicher Weise die übrigen Zielpunkte bestimmt und sodann die nach § 17 erforderliche Messung in der zweiten Fernrohrlage ausgeführt. Auch diese Beobachtung muss aus gleichen Gründen wie die Horizontalmessung mehrfach bei verschiedener Kreisstellung wiederholt werden.

## Die Refraktion.

Alle in dieser Weise bestimmten Vertikalrichtungen bedürfen einer besonderen Korrektion wegen der Refraktion der Lichtstrahlen in der Atmosphäre. Infolge der von oben nach unten zunehmenden Dichte und lichtbrechenden Eigenschaft der Lufthülle erscheint in der durch die Ziellinie bestimmten Vertikalebene die Lichtbahn als eine nach unten hohle Kurve. Die im Beobachtungspunkte an diese gezogene Tangente giebt den „beobachteten“ Zenit- bezw. Höhenwinkel an, welcher demnach kleiner bezw. grösser ist als der entsprechende wahre Wert. Die bei der Beobachtung von Gestirnen in Betracht kommende Ablenkung nennt man die „astronomische“ Refraktion, die bei geodätischen Messungen zwischen Punkten der Erdoberfläche auftretende die „terrestrische“ Refraktion. — Bei der ersteren handelt es sich um kleine Beträge, bei der letzteren um sehr grosse und schwankende. — Für den Zenitwinkel $z = 0^\circ$ ist auch die Ablenkung Null, für $z = 30^\circ$ rund $30''$, für $z = 45^\circ$ rund $1'$, für $z = 65^\circ$ rund $2'$ und für horizontale Zielung $z = 90^\circ$ rund $\frac{1}{2}^\circ$.

Ein allgemeiner Ausdruck für die mittleren Verhältnissen entsprechende astronomische Refraktion ist

$r = \alpha \operatorname{tg} z$, worin $\alpha$ die Refraktionskonstante (rund etwa $\alpha = 58''$) ist; diesem Betrag sind noch Zusätze wegen Lufttemperatur und Barometerstand beizufügen.

Bei der terrestrischen Refraktion wird, um eine einfache Berücksichtigung derselben bei dem in Betracht kommenden Messungsverfahren der trigonometrischen Höhenmessung (§ 20) zu ermöglichen, die bei mittlerem Luftzustande sich ergebende Lichtbahn in Beziehung zur Erdkrümmung gesetzt, indem der Krümmungsradius des Strahles durch denjenigen der mathematischen Erdoberfläche zwischen den Messungspunkten ausgedrückt wird. Im allgemeinen kann der Halbmesser der Lichtbahn als 7 bis 8mal grösser angesehen werden als derjenige des Erdkörpers, und dementsprechend ist der „mittlere Refraktionskoeffizient“ k rund 0,13. Derselbe ist aber sehr starken Schwankungen unterworfen und zeigt eine tägliche Periode; am grössten (etwa 0,2) ist er bei Sonnenauf- und -untergang, am kleinsten (etwa 0,08) am Mittag. Für kurze unmittelbar über den Erdboden hinstreichende Zielungen ist die Refraktion auch abhängig von dem Einfluss des Geländes (Böschungen, Hänge, Acker, Wiesenboden, Wasser etc.) auf den Luftzustand, wobei sich die Kurve auch umkehren und dementsprechend der Koeffizient Betrag und Vorzeichen wechseln kann. Man spricht dann von „topographischer Refraktion“, welche besonders auf die in § 26 dargestellte Nivellierung Einwirkung hat.

Es kann auch die Lichtbahn eine geringe Ablenkung aus der Vertikalebene erleiden; man bezeichnet dieselbe als „Seitenrefraktion“, welche sich besonders bei exakten Triangulierungen bemerkbar macht.

Zur möglichsten Tilgung der schädlichen und teilweise nicht feststellbaren Einwirkungen der Refraktion sind in der Beobachtungskunst besondere Grundsätze massgebend, z. B. bei der Polhöhenbestimmung die Beobachtung in gleichen Abständen beiderseits des Zenits, bei der trigonometrischen Höhenmessung die Beobachtung gegenseitiger Zenitwinkel, beim Nivellieren die Messung mit sehr kurzen und gleichen Zielweiten.

## § 20. Der Gebrauch des Theodoliten zur trigonometrischen Höhenmessung.

Wird auf einem Dreieckspunkte mit dem Höhenkreis des Theodoliten, wie auf Seite 65 angegeben, der Höhenwinkel $\alpha$ (oder der Zenitwinkel) nach einem anderen Dreieckspunkte gemessen, so kann aus diesem Winkel und der aus der Triangulierung bekannten Entfernung s der Höhenunterschied $\Delta$ h zwischen dem angezielten Punkte und der Höhenkreisaxe berechnet werden. Der Grundgedanke dieser Bestimmungsmethode wird ausgedrückt durch Figur 35, Seite 60, worin ist $\Delta h = s \operatorname{tg} \alpha$.

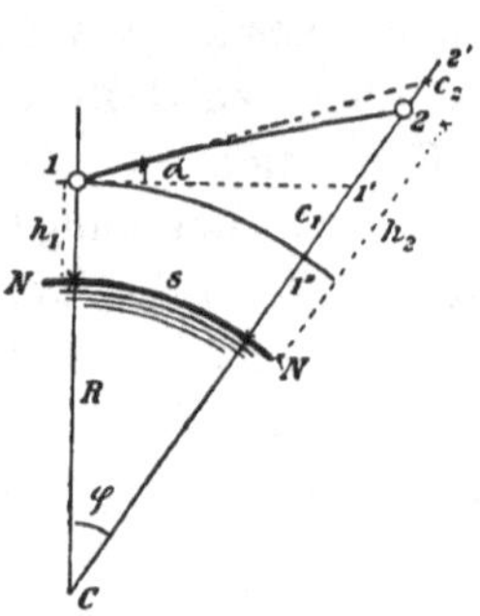

Figur 40.

Figur 40 stellt den Vertikalschnitt durch die zwei Dreieckspunkte 1 und 2 dar. C—1 und C—2 sind die Lotlinien der beiden Punkte; N N das durch den ideellen Meeresspiegel nach Seite 9 gebildete Bogenstück der mathematischen Erdoberfläche, welches als Kugelschnitt mit dem Radius R betrachtet werden soll (vergl. hierzu § 30). Dann sind die in den Lotlinien gemessenen Abstände $h_1$ und $h_2$ dieser Punkte von der Ausgangsfläche (dem Meereshorizont) ihre Höhen (Meereshöhen). Der zu NN parallele Bogen durch den Punkt 1 stellt den Horizontschnitt dieses Punktes dar, der Unterschied $h_2 - h_1 = \Delta h$ den Höhenunterschied der beiden Punkte, die in Punkt 1 hieran gezogene Tangente 1 — 1' die „scheinbare Horizontale", von welcher aus der gemessene Höhenwinkel $\alpha$ gezählt ist. Der in der Lotlinie von 2 gerechnete Abstand $c_1$ dieses scheinbaren und wirklichen Horizontes drückt den Einfluss der Erdkrümmung aus, die sogenannte „Krümmungskorrektion". Diese lässt sich aus dem bei 1 rechtwinkligen Dreieck 1—1'—C, welches bei C einen sehr kleinen Winkel hat, wenn 1 — 1' gleich der trigonometrischen Entfernung s genommen und $h_1$ gegen R vernachlässigt wird, bestimmen zu

$$c_1 = \frac{s^2}{2R}.$$

Der Bogen 1—2 ist die gekrümmte Lichtbahn, welche nach Seite 67 durch die Erdkrümmung ausgedrückt werden kann. Die Absehlinie in 1 bildet die Tangente an diese Kurve und trifft die Lotlinie in 2', so dass das Stück $c_2 = 2 - 2'$ die „Refraktionsverbesserung" darstellt, welche nach Seite 67 durch $c_2 = k\,c_1$ ausgedrückt wird.

Wird nun, da der Winkel $\varphi$ sehr klein ist, die an Figur 35 dargestellte einfache Beziehung auf das bei 1' nahezu rechtwinklige Dreieck 1 — 1' — 2' angewendet, so ist für die meisten Fälle genügend genau

$$\Delta h = h_2 - h_1 = s \operatorname{tg} \alpha + c_1 - c_2$$
$$= s \operatorname{tg} \alpha + \frac{s^2}{2R}(1 - k).$$

Werden in beiden Punkten 1 und 2 die Höhenrichtungen (sog. gegenseitige Zenitdistanzen) gemessen, so kann der Einfluss der Refraktion sowohl einerseits aufgehoben als auch andererseits ermittelt werden. Infolge der Refraktionsunsicherheiten (Seite 67) ist der Genauigkeit der trigonometrischen Höhenmessung eine gewisse Grenze gesetzt, sie ist an kurze Entfernungen (vergl. § 35) gebunden und steht an Genauigkeit hinter dem in § 26 behandelten Höhenmessungsverfahren weit zurück. — Die Höhenunterschiede von Punkten, welche einige Kilometer voneinander entfernt sind, können nur bis auf etwa ein Decimeter genau bestimmt werden.

## § 21. Der Gebrauch des Theodoliten zur Bestimmung des Azimutes von Dreiecksseiten und der Polhöhe von Dreieckspunkten.

Zu diesen bei Gradmessungen vorkommenden Bestimmungen dient ein Universalinstrument nach Art des in Figur 38 dargestellten. Das Prinzip der Bestimmungen ist schon in § 4 angegeben. Um für ein fest aufgestelltes Instrument die der Meridianrichtung entsprechende Ablesung nach der Methode der „korrespondierenden Höhen“ zu erhalten, wird ein Stern vor seiner Kulmination angezielt und der Horizontalkreis $a_1$ abgelesen; die nach der Kulmination bei unverändertem Höhenwinkel genommene Einstellung mit der Horizontalkreisablesung $a_2$ bestimmt nach der Beziehung $\frac{1}{2}(a_1 + a_2)$ den Meridianpunkt des Kreises. — Mehrfache korrespondierende Einstellungen für passend ausgewählte Sterne mit Ablesung der beiden Kreise, der zugehörigen Libellen unter Berücksichtigung der entsprechenden Reduktionen und der Zeit, verschärfen das Ergebnis.

Wird abwechselnd mit dem Gestirn das geodätische Signal, dessen Azimut bestimmt werden soll, oder ein ungefähr in der Meridianrichtung aufgestelltes Ziel (Mire, vergl. Fig. 52) eingestellt, so ergiebt sich daraus unmittelbar das gesuchte Azimut. — Besonders geeignet für die Azimutbestimmung ist, wie schon in § 4 angedeutet, der Polarstern. Wegen der langen Zeit zwischen zwei aufeinanderfolgenden Digressionen wird in der Regel nur in der Nähe einer Digression eine Anzahl von Beobachtungen für Stern und Signal ausgeführt, oder der Stern in beliebiger Stellung genommen, wozu aber ein Chronometer und Zeitbestimmung erforderlich wird. Die Ausführung dieser Beobachtung ist kurz die folgende: Einstellung des Signales, Kreisablesung, Nivellierung der Axe (vergl. § 14), Einstellung des Sternes, Kreisablesungen, Axennivellierung, danach Herstellung der zweiten Fernrohrlage und Wiederholung in umgekehrter Folge; die Messung wird wie für die Horizontalmessung in § 18 angegeben, bei verschiedenen Kreisstellungen ausgeführt. Die Genauigkeit der Bestimmung entspricht der einer feinen Horizontalwinkelmessung.

Zur Polhöhenbestimmung dient nach § 4 die Messung von Meridianzenitdistanzen. Es werden nach Einstellung der Absehlinie in den Meridian für eine Anzahl von Sternen in der Nähe des Meridiandurchganges Zenitdistanzen (Circummeridianzenitdistanzen) gemessen, und diese Beobachtungen nach der Zeit auf die Meridianzenitdistanz reduziert. In der Regel werden die Sterne zu Paaren in nahe gleichen und kleinen Abständen vom Zenit zusammengenommen. Bei jeder Kreisablesung wird der Stand der Libelle abgelesen, und wie bei allen Vertikalmessungen nach § 19 Lufttemperatur und Barometerstand notiert. Die Beobachtungen finden stets in beiden Fernrohrlagen und bei mehreren Kreisstellungen statt. — Eine besondere Verfeinerung dieser Methode der nahe gleichen Zenitdistanzen ist die der Messung der Unterschiede von Meridianzenitdistanzen, wozu das Instrument mit besonders feinen Libellen und Okularmikrometern ausgerüstet werden muss.

Eine andere Methode, welche bei geodätischen Arbeiten, z. B. der in § 27 behandelten, Anwendung findet, ist die der Beobachtung der Zeit der Durchgänge von Gestirnen durch den I. Vertikal, d. h. durch die Absehebene, welche das Instrument bestimmt, wenn es aus der Meridianstellung um seine Axe um 90° im Azimut gedreht wird. An Stelle des Theodoliten tritt hierbei aber meistens ein sogenanntes Passageninstrument.

Die Genauigkeit der Polhöhenbestimmung lässt sich bei exaktem Verfahren bis auf Bruchteile der Sekunde steigern; bei der Verwendung kleiner Instrumente mit Nonienablesung und weniger feinen Libellen, z. B. auf Forschungsreisen in unbekannten Ländern, ist die Unsicherheit der Bestimmung etwa 1′ oder auch nur Bruchteile der Minute.

## § 22. Der Gebrauch des Theodoliten als Tachymeter.

Soll der Theodolit neben der Messung von Horizontal- und Vertikalwinkeln zur unmittelbaren Bestimmung von Entfernungen, der sogenannten „Distanzmessung“ dienen, so ist eine distanzmessende Vorrichtung erforderlich.

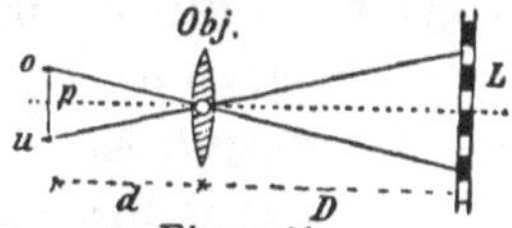

Figur 41.

### Der Fadendistanzmesser.

Die zweckmässigste, einfachste und gebräuchlichste Einrichtung ist der „Fadendistanzmesser“. — Auf den Fadenrahmen, Figur 26, eines astronomischen Fernrohrs nach Figur 25 und 27 werden im Abstand p (Fig. 41) zwei Fäden o und u (Distanzfäden) parallel aufgespannt, in der Regel in gleichem Abstand von dem Horizontalfaden des Fadenkreuzes. Dann ist

$$\frac{p}{d} = \frac{L}{D}$$

und daraus in Verbindung mit der Linsenformel Seite 43

$$\frac{1}{D} + \frac{1}{d} = \frac{1}{f}$$

$$D = f + \frac{f}{p} L.$$

Es ist demnach der Abstand D bestimmt, sobald der zwischen den Fäden erscheinende Abschnitt L einer geteilten Latte (Distanzlatte) abgelesen wird. Soll die Entfernung von der Drehaxe des Instrumentes aus gerechnet werden, so ist noch der Abstand des Objektivs von dieser, rund $\frac{1}{2}$f zuzufügen, so dass die Distanzgleichung lautet

$$D = 1\tfrac{1}{2} f + \frac{f}{p} L = a + k L,$$

worin man a die „Additionskonstante“ und k die „Multiplikationskonstante“ nennt, welche für jedes Instrument sorgfältig zu bestimmen sind. In der Regel wird für k eine bequeme runde Zahl 50, 100 oder 200 gewählt. — Durch Anwendung eines besonderen Linsensystems kann a zu Null gemacht werden (Porro's Fernrohr). Ist die Ziellinie geneigt (Fig. 42) und steht L nicht rechtwinklig zu ihr, so ist eine Reduktion erforderlich. Hat die Ziellinie den Neigungswinkel $\alpha$, so ist, falls L rechtwinklig zur Ziellinie steht, die wagrechte Strecke $S = D \cos \alpha = a \cos \alpha + k L \cos \alpha$; falls aber L lotrecht steht, ist $S = a \cos \alpha + k L \cos^2 \alpha$. — Der Grundgedanke der Fadendistanzmessung ist bald nach Einführung des Fadenkreuzes (vergl. § 15) gegen Ende des 17. Jahrhunderts aufgetaucht, gegen Ende des 18. Jahrhunderts in England (James Watt und Green) in der heutigen Anordnung mit festen Fäden zur Entfernungsbestimmung in Gebrauch gekommen, und bildet seit der Zeit der ersten Eisenbahntracierungen die allgemein angewendete Methode der tachymetrischen Vermessungen.

Statt des Fadendistanzmessers kann auch ein Instrument mit distanzmessender Schraube (Feinmessschraube mit Trommel) Verwendung finden.

Mit den an Tachymeterfernrohren verwendeten Faden- und Schraubendistanzmessern lassen sich kleinere Entfernungen (etwa bis 300 m) bis auf einige Centimeter bis Decimeter genau bestimmen.

Ein Tachymeter ist demnach ein kleines Universalinstrument wie Figur 37, welches im Fernrohr die Distanzfäden trägt oder auch nebenbei mit einer Distanzschraube versehen ist. Zum Tachymeter gehört eine mit genauer Teilung (in der Regel Centimeterteilung, vergl. Fig. 41) versehene Latte, die „Distanzlatte".

Es wird das Instrument über einem Messungspunkte aufgestellt und auf dem zu bestimmenden Punkte diese Distanzlatte lotrecht aufgehalten (Fig. 42), dann das Fadenkreuz des Fernrohrs so auf die Latte gerichtet,

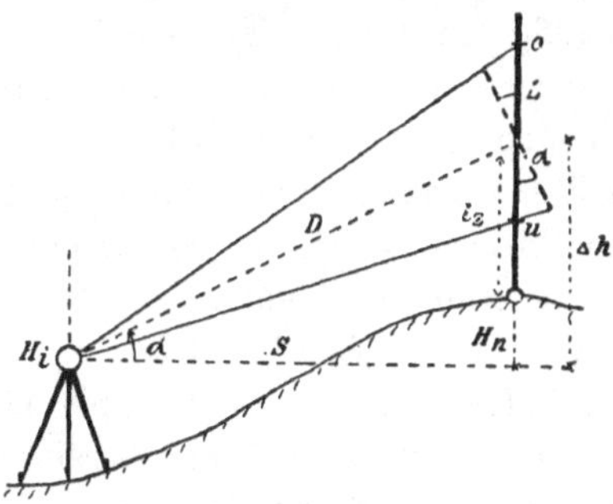


Figur 42.

dass der vertikale Faden die Mitte der Latte, der horizontale Faden einen besimmten Lattenpunkt $l_z$ trifft. Dann ergiebt die Ablesung des Horizontalkreises die Richtung der Ziellinie, die Ablesung des Vertikalkreises den Höhenwinkel $\alpha$ der Mittenzielung, und die Ablesungen in der Teilung der Distanzlatte an den beiden Distanzfäden den lotrechten Lattenabschnitt L zwischen o und u. Damit ist die wagrechte Entfernung, wie oben angegeben, $S = D \cos \alpha = a \cos \alpha + k\, L \cos^2 \alpha$, und der Höhenunterschied $\Delta h$ der Mittenzielung gegen die Fernrohraxe $\Delta h = D \sin \alpha = S \operatorname{tg} \alpha$.

Ist die Höhe der Instrumentaxe $H_i$, so ist die Höhe des gesuchten Punktes $H_n = H_i + \Delta h - l_z$.

Die in §§ 19 und 20 für diese Art der Höhenbestimmung erwähnten Verbesserungen können hierbei wegen der kleinen Entfernungen und der erreichbaren Genauigkeit der Höhenmessung, welche je nach der Entfernung einige Centimeter bis Decimeter beträgt, ausser Ansatz bleiben.

### § 23. Die Bussole (Kompass).

Sehr häufig wird dem Tachymeter eine Bussole beigegeben, welche für besondere Fälle (sehr kurze Entfernungen) neben dem Horizontalkreis zur Richtungsbestimmung Verwendung finden kann. — Die Teilung aller an geodätischen Instrumenten angebrachten Bussolen ist stets eine durchlaufende Gradteilung (auch Halbgradteilung), in welcher $^1/_{10}$ Grade geschätzt werden können. Entweder spielt die Nadel über einem solchen Kreise, oder sie trägt selbst einen Kreisring, so dass an einem festen Zeiger abgelesen wird.

Da die Richtungsbestimmung mit der Bussole nur geringe Genauigkeit gewährt, hat der Theodolit sie ganz verdrängt; zur Zeit dient sie nur noch zu untergeordneten Bestimmungen der tachymetrischen Kleinmessung. Früher war sie neben dem Astrolabium (Seite 53), mit dem sie häufig verbunden wurde, eines der wichtigsten Feldmessinstrumente. Wie in § 3 angegeben, verwendete Norwood die Bussole bei seiner Gradmessung.

### § 24. Der Phototheodolit.

Eine besondere Ausbildung hat neuerdings der Theodolit dadurch erfahren, dass er mit einer photographischen Kammer ausgerüstet und zur „photogrammetrischen“ Punktbestimmung hergerichtet worden ist.

— Man denke sich auf dem Unterbau des Theodoliten, z. B. in der schematischen Figur 34, an Stelle der Fernrohrträger und des Fernrohrs eine photographische Kammer mit Objektiv und Bildplatte eingesetzt. Die optische Axe des Objektivs sei wagrecht gerichtet, die Bildplatte stehe lotrecht. Auf dieser sei entsprechend dem Fadenkreuz des Theodolitfernrohrs ein Linienkreuz aufgezeichnet, dessen Schnittpunkt in die optische Axe des Objektivs fällt, so dass dadurch nach Figur 25 bis 27 ein Zielfernrohr gegeben ist, und ein Punkt eingestellt ist, wenn sein Bild am Linienkreuz erscheint. Damit hat man die einfachste Form des Phototheodoliten.

Wird nun ein solches Instrument auf einem Messungspunkte, z. B. einem Dreieckspunkte aufgestellt, so kann nach Anzielung eines bekannten Punktes durch Ablesung am Horizontalkreis die Richtung der optischen Axe in jeder beliebigen Stellung bestimmt werden. — Wird in einer solchen Stellung ein Bild aufgenommen, so ist damit durch die optische Axe das ganze nach Punkten der Bildplatte gehende Strahlenbüschel, welches auf das auf der Platte verzeichnete Linienkreuz bezogen werden kann, geodätisch bestimmt; wird auf einem zweiten Punkt in gleicher Weise eine Aufnahme ausgeführt, so hat man gleichzeitig alle abgebildeten und in beiden Bildern als identisch erkannten Punkte durch „Vorwärtseinschneiden“ bestimmt, entsprechend der in §§ 7 und 10 an Figur 13 und 18 erläuterten Bestimmungsmethode.

Das Prinzip dieser Bildmessung ergiebt sich aus Figur 43. Es ist $O\_0$ die horizontal eingerichtete optische Axe der Kamera, O der Objektivhauptpunkt, B die im

Abstand d (Bildweite) = Oo, rechtwinklig zur Axe, also lotrecht eingerichtete Bildplatte, in welcher das Linienkreuz hh und vv wagrecht bezw. lotrecht steht.

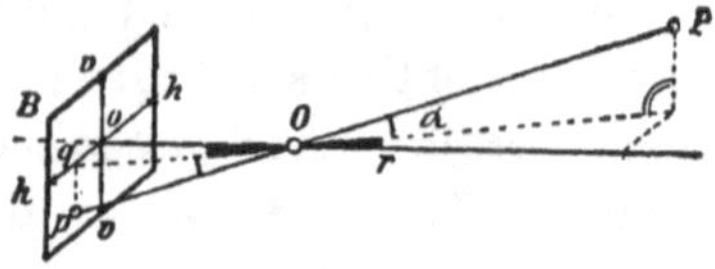

Figur 43.

P O p ist ein durch den Hauptpunkt des Objektivs eintretender Strahl vom Punkte P. Dann ist r der Horizontalrichtungswinkel, den der Strahl mit Oo bildet, und $\alpha$ der Höhenwinkel. Werden die Bildkoordinaten pq und oq mit x und y bezeichnet, so ist

$$\mathrm{tg}\, r = \frac{y}{d} \quad \text{und} \quad \mathrm{tg}\, \alpha = \frac{x \cos r}{d} = \frac{x \sin r}{y}.$$

Das heisst, sobald die Bildkoordinaten x y in einem mit horizontaler Objektivaxe und vertikaler Bildplatte bei festgelegten Bildaxen h h und v v und bekannter Bildweite d aufgenommenen Bilde gemessen werden, sind die auf die optische Axe bezogenen Winkel $\alpha$ und r bekannt. Die unmittelbare Messung ist also durch die Bildmessung ersetzt. Das Verfahren wird geodätisch neuerdings bei Aufnahmen im Hochgebirge (vergl. § 36) angewendet.

## § 25. Der Messtisch.

Ein dem Theodoliten verwandtes Instrument ist der Messtisch, bei welchem an Stelle der Kreisablesung für die Horizontalrichtungen die unmittelbare Aufzeichnung derselben tritt. — Ein kleiner Zeichentisch T (mit Papier überspannt) wird mit einem Unterbau ähnlich dem des Theodoliten auf einem Stativ S aufgestellt und mit einer Libelle (Dosenlibelle § 14) wagrecht gerichtet. Wird auf dem Tisch ein Lineal L mit lotrechten Zielstiften oder Diopten (Diopterlineal) aufgesetzt, an einen auf dem Tisch aufgezeichneten Punkt A gelegt, eine Anzahl Zielpunkte angezielt und am Lineal die Linien ausgezogen, so sind die von diesem Punkte ausgehenden Richtungen verzeichnet. Werden die Entfernungen nach den Zielpunkten gemessen und in verkleinertem Massstabe auf den Richtungslinien eingetragen, so ist die Lage aller Zielpunkte gegen den Standpunkt bestimmt.

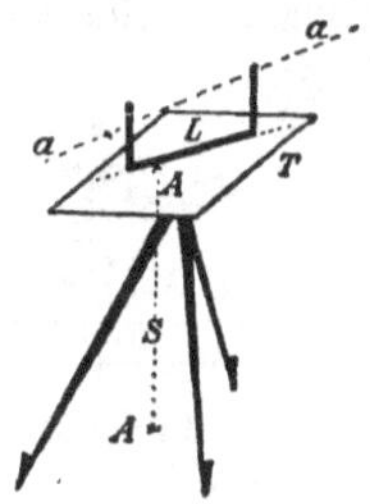

Figur 44.

Wird das Instrument nach einem der auf diese Weise bestimmten und aufgezeichneten Punkte, z. B. Punkt B, gebracht, dort so aufgestellt, dass der betreffende Punkt der Zeichnung genau lotrecht über dem Feldpunkte liegt, und die aufgezeichnete Richtung B—A sich genau mit der Richtung der beiden Feldpunkte deckt, also die Ziellinie des an B—A angelegten Lineales den Punkt A trifft, so können die Richtungslinien nach anderen Zielpunkten in Bezug auf B—A eingezeichnet werden, so dass auch durch den Schnitt dieser Richtungslinien mit den auf A gewonnenen neue Punktorte bestimmt werden können. Man hat das dem, in § 7 an Figur 13 erläuterten Verfahren entsprechende „Vorwärtseinschneiden". — Wenn auf der Messtischplatte mindestens 3 Punkte der Lage nach gegeben sind, so kann ein vierter Punkt durch Ausziehen der Richtungslinien als „Standpunkt" bestimmt werden; man hat das dem in § 8 an Figur 11 dargestellten Verfahren entsprechende „Rückwärtseinschneiden“.

Statt des einfachen ursprünglichen Diopterlineals wird die „Kippregel“ verwendet, das ist (Fig. 45) ein Lineal L, welches eine Säule S trägt, an der eine horizontale Kippaxe K gelagert ist, um welche ein rechtwinklig hierzu befestigtes Zielfernrohr F so gekippt werden kann, dass die Linealkante in seine Absehebene fällt. Zur Lotrechtstellung der Absehebene dient eine auf der Kippaxe oder parallel zu dieser am Fusse der Säule angebrachte Röhrenlibelle. Wird das Fernrohr dieser einfachen Kippregel mit Distanzfäden und Höhenkreis versehen, so erhält man die „tachymetrische Kippregel“ (Universalkippregel), und der Messtisch kann wie das § 22 beschriebene Instrument als tachymetrisches Messinstrument Verwendung finden, wobei nur die Richtungslinien unmittelbar graphisch dargestellt werden. In dieser Anordnung dient das Instrument zur Zeit zu topographischen Aufnahmen (vergl. § 36). —

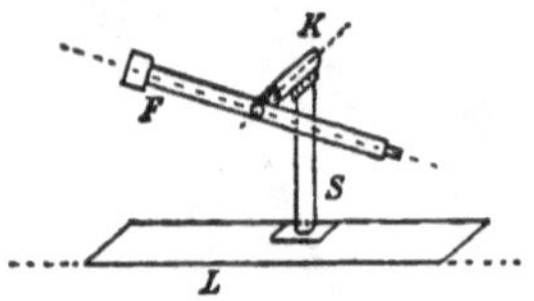

Figur 45.

Der Messtisch ist seit Beginn des 17. Jahrhunderts in der Form, welche ihm Prätorius in Altdorf (Mensula praetoriana) gegeben hatte, besonders in Deutschland und Oesterreich allgemein bekannt geworden. Gegen Ende des 18. Jahrhunderts fand die Fernrohrkippregel (Perspektivlineal) Verbreitung, so dass das Instrument auch zu genaueren Messungen brauchbar wurde. Bis gegen die Mitte des 19. Jahrhunderts gehörte er zu den wichtigsten geometrischen Instrumenten; zur Zeit ist er bei den exakten Messungen ebenso wie Astrolabium und Bussole durch den Theodoliten und die darauf gegründete zahlenmässige Messungsmethode verdrängt worden (vergl. §§ 38—41), und dient, wie angegeben, nur noch zu generellen topographischen Aufnahmen und vereinzelten besonderen Messungen (generellen Vorarbeiten etc.).

## § 26. Das Nivellierinstrument und sein Gebrauch zur Höhenmessung.

Neben dem Theodoliten hat eine besondere Bedeutung das Nivellierinstrument, das ist eine Verbindung von Zielfernrohr und Libelle zur Herstellung kurzer horizontaler Ziellinien, welches bei der schärfsten Methode der Höhenmessung, dem „Nivellieren" Verwendung findet. — Nach Figur 40 ist der Höhenunterschied zweier Punkte 1 und 2 der in der Lotlinie gemessene Abstand der Horizonte der beiden Punkte. Wird nun in der Mitte J zwischen den Lotlinien $l_1$ und $l_2$ zweier sehr nahe gelegener Punkte 1 und 2 (Fig. 46) eine horizontale Linie $a_1$ $a_2$ abgesteckt, d. h. eine Tangente an den Horizont des Punktes J, so sind die in § 20 behandelten Korrektionen wegen Erdkrümmung und Refraktion beiderseitig gleich und sehr klein. Demnach ist, wie sich aus Figur 46 unmittelbar ergiebt, $\Delta$ h $= l_1 - l_2$,

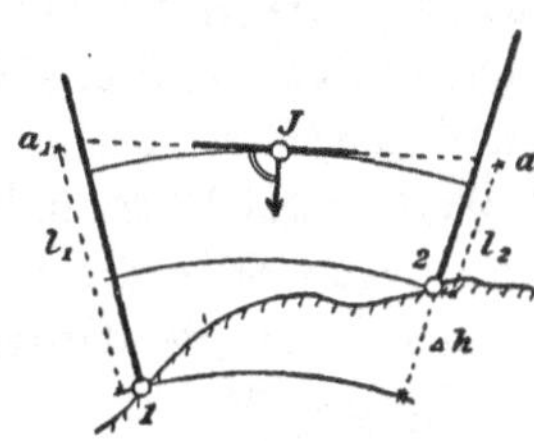

Figur 46.

wenn $l_1$ und $l_2$ die auf den Lotlinien von 1 und 2 aus durch die Horizontale abgeschnittenen Stücke bedeuten.

Die Herstellung dieser Horizontalen $a_1$ $a_2$ kann in verschiedener Weise erfolgen. — Die beiden ursprünglichsten schon im Altertume bekannten Instrumente sind die „Setzwage“, das ist das einfache mit Bleilot wagrecht zu richtende Brett mit Zielkante oder Diоptern, entsprechend dem in Figur 6 Seite 16 dargestellten Quadranten, sowie die „Kanalwage“ (Wasserwage), das ist das auf dem Prinzip der kommunizierenden Röhren beruhende Instrument, welches Figur 47 zeigt. Aus der Bleiwage wurde allmählich die „Pendelwage“, das ist ein die Ziellinie tragender mit einem Gewicht beschwerter Arm (Wagebalken), welcher sich pendelnd einstellt und auch mit einem Gradbogen versehen zur Messung kleiner Höhenwinkel eingerichtet wurde. — Auch für die Kanalwage wurde eine Verbesserung erstrebt durch in den Schenkeln schwimmende Diopter und durch Verwendung des Quecksilbers an Stelle des Wassers. Nach Erfindung des Zielfernrohrs wurde dieses gegen Ende des 17. Jahrhunderts in mannigfacher Weise mit der Pendelwage verbunden, ja sogar auf das Prinzip der Kanalwage mit schwimmendem Objektiv und Fadenkreuz angewendet. Im 18. Jahrhundert wurde vereinzelt die Verbindung des Fernrohrs mit der Libelle zur Herstellung horizontaler Ziellinien versucht (vergl. Seite 42), aber erst seit Anfang des 19. Jahrhunderts diese Verbindung, das „Fernrohrniveau“, in seiner heutigen Form als „Nivellierinstrument“ verwendet,

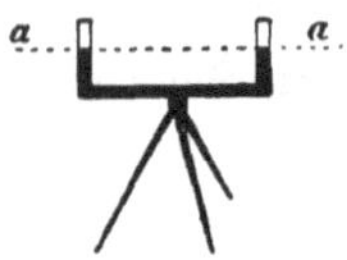

Figur 47.

welches, nachdem es seit der Zeit der ersten Eisenbahnbauten allgemein bekannt wurde, schnell die Kanalwage verdrängte, die heute nur noch auf dem Bauplatz gebraucht wird und nicht mehr zu den geodätischen Instrumenten gehört.

Das Prinzip der Nivellierinstrumente ist schon in Figur 23 enthalten. Ist Z eine lotrechte Drehaxe und t t die Axe einer damit verbundenen Libelle, welche bei einspielender Blase wagrecht steht, so ist die Linie a a, wenn sie parallel zu t t ist, ebenfalls wagrecht und beschreibt bei Drehung um Z eine wagrechte Ebene.

Beim Nivellierinstrument ist nun a a die Absehlinie eines Zielfernrohrs, welches, wie Figur 48 zeigt, mit

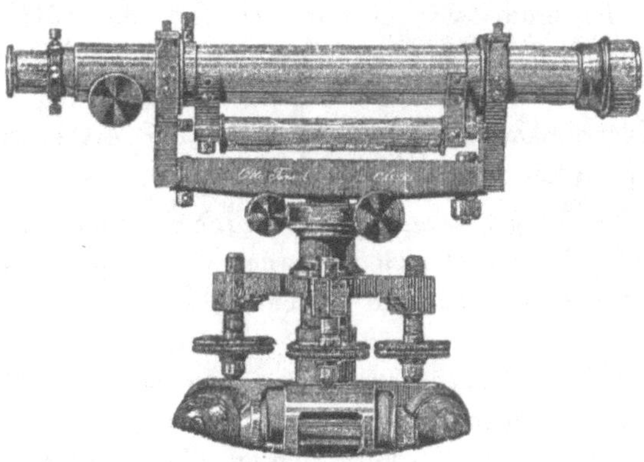

Figur 48.

der Libelle verbunden ist, und von einem Dreifuss mit Stellschrauben getragen wird, wie die Drehaxe des Theodoliten in Figur 34. — Die Anordnung der Nivellierinstrumente ist sehr verschieden; entweder sind Fernrohr und Libelle untereinander und mit der Drehaxe fest verbunden, oder das Fernrohr ist in entsprechenden Lagern des Fernrohrträgers umlegbar und wird mit einer an ihm befestigten Libelle oder einer aufsetzbaren Reiterlibelle horizontiert. Unterbau und Fernrohrträger sind ebenfalls verschiedenartig konstruiert.

Um die in Figur 23 ausgedrückten Bedingungen: Libellenaxe parallel zur Absehlinie und rechtwinklig zur Drehaxe zu erfüllen, d. h. das Instrument zu „berichtigen", sind am Fadenkreuz, an der Libelle, sowie je nach der Konstruktion auch am Fernrohrträger „Berichtigungsschrauben" erforderlich. Die Ausführung dieser „Berichtigung" ist abhängig von der Anordnung des Instrumentes, ob Fernrohr und Libelle fest oder beweglich sind. Es sei nur bemerkt, dass die durch nichtparallele Lage der Absehlinie und Libellenaxe entstehenden Abweichungen aufgehoben werden, sobald das Instrument J, Figur 46, genau in der Mitte zwischen den Punkten 1 und 2 aufgestellt wird.

Die Vergrösserung des Fernrohrs und die Angabe der Libelle richtet sich nach der Genauigkeit, welche verlangt wird; für die verschiedenartigen technischen Aufnahmen dienen in der Regel kleinere Instrumente, bei denen die Fernrohrvergrösserung eine 15—30fache ist, die Libellenangabe entsprechend 40″—15″; für die in § 35 erwähnten Feinarbeiten dienen grössere für diesen Zweck besonders eingerichtete Instrumente, bei denen die entsprechenden Werte 30—45fach und 10″ bis 5″ sind.

Die Instrumente werden auf dreibeinigen Stativen aufgestellt, wie Figur 48 erkennen lässt.

Zu jedem Nivellierinstrument gehören zwei „Nivellierlatten“, das sind mit einer aufgemalten scharfen Teilung versehene Latten, welche mit Dosenlibellen lotrecht gerichtet werden. Diese Teilung, in welcher am Horizontalfaden des Fernrohrs die Ablesung ($l_1$ und $l_2$ Fig. 46) genommen wird, ist in der Regel eine Centimeterteilung, deren Felder abwechselnd weiss und rot (oder schwarz) sind. Bei Fernrohren stärkerer Vergrösserungen, wie sie zu den Feinarbeiten erforderlich sind, wird eine engere Teilung ($^1/_2$ cm) verwendet. Bei den alten Instrumenten, insbesondere der Kanalwage, waren die Latten mit verschiebbaren Scheiben versehen, welche in die horizontale Absehlinie eingewinkt wurden, so dass die Stellung der Scheibe abgelesen werden musste. Die Richtigkeit der Einteilung wird nach Normalmassen (§ 13, bei Feinarbeiten täglich) untersucht.

Der Gebrauch des Instrumentes ergiebt sich aus seiner Konstruktion. Es wird zwischen zwei Punkten 1 und 2 (Fig. 46) aufgestellt, genau horizontiert und bei scharf einspielender Libelle die beiden Ablesungen $l_1$ und $l_2$ an den lotrecht aufgehaltenen Nivellierlatten genommen oder, wie das bei feineren Arbeiten geschieht, die Stellung der Blase bei genäherter Einstellung in der Libellenteilung abgelesen. Ist dabei n der Ausschlag der Blase in Libellenteilen, A die Angabe der Libelle und s die Entfernung von der Latte, so ist die der Lattenablesung beizulegende Korrektion zu berechnen nach

$$\frac{n \,.\, A'' \,.\, s}{\varrho''}.$$

Die Entfernung des Instrumentes von den Latten, die „Zielweite“, wird mit Rücksicht auf den Seite 67 erwähnten schädlichen Einfluss der Refraktion und um eine scharfe Ablesung an den Skalen zu ermöglichen, stets sehr klein und zur Fehlertilgung nach beiden Seiten stets gleich genommen; als normale Zielweite gilt rund 50 m.

Werden eine Anzahl derartiger Aufstellungen, wie Figur 49 zeigt, bei fortlaufender Höhenunterschiedbestimmung zwischen den Punktpaaren 1—2, 2—3, 3—4 u. s. w. und stetigem Wechsel des Instrumentstandes, aneinandergereiht, so erhält man den „Nivellierzug", wodurch die Höhenunterschiede bezw. die Höhen beliebig entfernter Punkte aus der Summe der Einzelunterschiede sich ergeben, z. B.

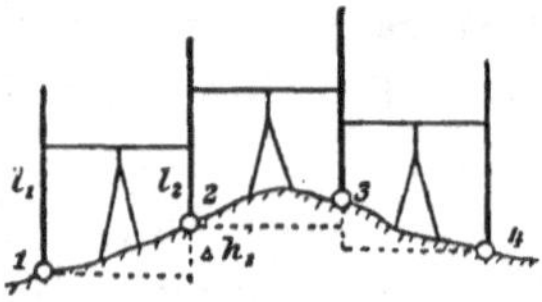

Figur 49

$$h_2 = h_1 + \Delta h_1, h_3 = h_2 + \Delta h_2 \text{ u. s. w.} \ldots$$

Grundbedingung für das Verfahren ist, dass die zur Aneinanderreihung der Höhenunterschiede dienenden Zwischenpunkte, die sogenannten „Wechselpunkte", zwischen zwei aufeinanderfolgenden Aufstellungen unverändert bleiben. Hierzu dienen schwere eiserne Unterlegeplatten, auf welche die Nivellierlatten gestellt werden.

Für zwei Punkte, welche eine Entfernung von 1 km haben, so dass also bei der Normalzielweite von 50 m rund 10 Aufstellungen zwischen beiden Punkten erforderlich würden, lässt sich mit den heute zur Anwendung kommenden Feininstrumenten der Höhenunterschied bis auf 1 mm genau bestimmen, und selbst bei den oben erwähnten kleineren Instrumenten ist es bei sorgfältigem Verfahren nicht schwer, den Fehler innerhalb 1 cm und auch $^1/_2$ cm zu halten. — Es wird dementsprechend etwa seit Mitte des 19. Jahrhunderts das Nivellieren, welches besonders bei den Eisenbahnbauten seine erste Ausbildung erfahren hat, als die schärfste Methode der Höhenmessung angesehen, welche auch befähigt ist, Nivellierzüge mit grösster Schärfe über ganze Kontinente hinweg zu führen, so dass die in § 20 beschriebene Methode der trigonometrischen Höhenmessung mit dem Theodoliten für exakte Arbeiten durch das Nivellieren mit dem Nivellierinstrument verdrängt worden ist.

Bei der Aufnahme vieler Einzelpunkte von einem Instrumentstand aus rechnet man zweckmässig (vergl. Fig. 46) nach der Formel: Instrumenthöhe $J = h_1 + l_1$ und $h_2 = J - l_2$, allgemein $h_n = J - l_n$.

---

III. Abschnitt.

# Die exakten Gradmessungstriangulierungen zur Bestimmung der Erddimensionen.

## § 27. Die ostpreussische Gradmessung, als Beispiel einer exakten Triangulierung.

Die ostpreussische Gradmessung wurde in den Jahren 1831—1836 von Bessel, Direktor der Königsberger Sternwarte, und Baeyer, Major im preussischen Generalstabe, unternommen, um eine Verbindung zu schaffen zwischen den in § 13 schon erwähnten ausgedehnten Triangulierungen in Westeuropa, von dem nördlichen England und der an der spanischen Mittelmeer-Küste gelegenen Insel Formentera bis zu den russischen Dreiecksketten von Struve und Tenner.

Figur 50 zeigt die der ostpreussischen Küste auf etwa 200 km folgende Dreieckskette. Sie schliesst an im Südwesten mit der Linie Trunz-Wildenhof an die vorhandene westpreussische Kette des Generalstabs, und im Nordosten mit der Seite Memel-Lepaizi an die russischen Triangulierungen.

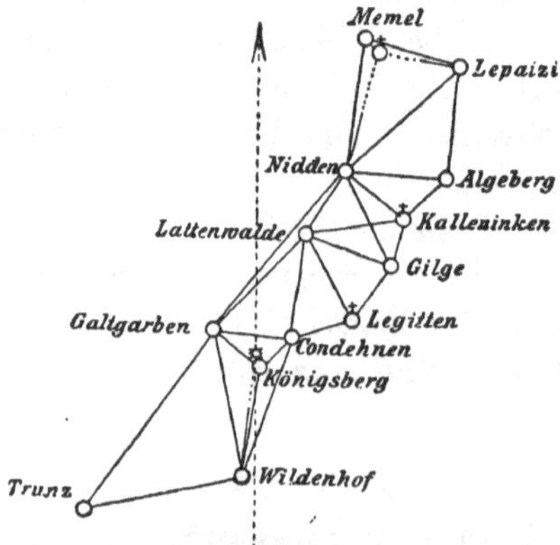


Figur 50.

Die Dreieckspunkte sind so ausgewählt, dass sich günstige Dreiecke bilden. Die Punkte wurden bezeichnet mit ca. 1 m hohen Pfeilern aus Stein, Mauerwerk oder Holz, auf welchen der Theodolit unmittelbar aufgestellt wurde. Einzelne Punkte wurden auf Türmen gewählt, z. B. dem Haferberger Turm in Königsberg, desgl. in Memel, in Legitten und Kalleninken; auf diesen Türmen wurden für die Instrumente feste Beobachtungsstandpunkte geschaffen. In einzelnen Punkten musste das Instrument auf hohen Signalen aufgestellt werden, z. B. in Wildenhof. Hier wurde eine starke Fichte in ca. 10 m Höhe üder dem Boden abgesägt, der Rinde entkleidet, mit einer starken Eichenplatte zur Aufstellung des Instrumentes bedeckt und darum ein Gerüst für den Beobachter gebaut. Man hat in diesem ursprünglichen Bau das einfache Modell der heute oft bis zu 30 m Höhe aufgeführten starken Beobachtungsgerüste, welche angewendet werden, um lokale Hindernisse zu überwinden, sowie den Zielstrahl möglichst hoch über den Erdboden zu erheben.

## Die Winkelmessung.

Als Winkel-Messinstrument diente ein von Ertel in München konstruierter Theodolit, mit einem Horizontalkreis von 15 Zoll Durchmesser durch 4 Nonien je 2″ angebend, und einem Vertikalkreis von $7^1/_2$ Zoll mit 4″ Nonienangabe. Die Winkelmessung erfolgte nach der in § 18 erwähnten Methode der satzweisen Richtungsmessung, wobei die Kreisstellung für 12 Sätze um je 15° geändert wurde. Da nicht immer alle Richtungen auf einem Punkte einheitlich gemessen werden konnten, so ergaben sich „unvollständige“ Sätze, welche einer besonderen Ausgleichung (Stationsausgleichung § 18) unterworfen werden mussten. Für diejenigen Beobachtungen, bei denen der Instrumentstandpunkt nicht mit dem „Centrum“ zusammenfällt, waren die erforderlichen Reduktionen zu berechnen, wie ebenfalls in § 18 angegeben ist.

Als Zielpunkte für die Einstellung des Fadenkreuzes dienten bei den kurzen Entfernungen entweder Signalscheiben, das sind weisse Scheiben mit einem schwarzen Strich, dessen Mittellinie genau in der Lotlinie des

Dreieckspunktes liegen muss, ferner grosse dreieckige Signaltafeln aus Lattenwerk mit Tuch überspannt, sowie bei den Kirchtürmen die Helmstangen dicht unter dem Knopf. Für einzelne Punkte wurden „Signalkugeln“ aus versilbertem Kupfer verwendet, welche im Sonnenschein einen hell leuchtenden und gut einstellbaren Zielpunkt lieferten. Der Ort dieses Punktes ist aber abhängig vom Stande der Sonne und der Beobachtungszeit und macht daher eine umständliche Centrierung der Richtungen erforderlich. Während aus diesem Grunde die Signalkugeln keine weitere Anwendung gefunden haben, ist ein anderes der eingeführten Instrumente, der „Heliotrop“, heute das wichtigste Hilfsmittel zur Signalisierung entfernter Dreieckspunkte geworden.

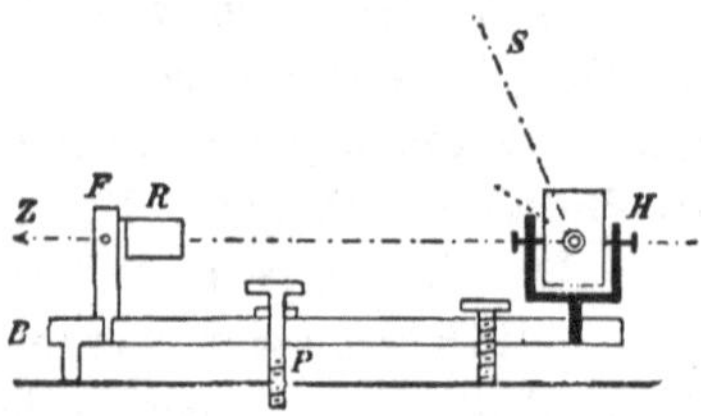


Figur 51.

Das Prinzip dieses Instrumentes ergiebt sich aus Fig. 51. Von der Sonne S wird durch einen kleinen um zwei Axen drehbaren Spiegel H (in der Figur parallel zur Zeichenebene gedreht) reflektiertes Sonnenlicht zum Punkt Z gesendet, wenn die Spiegelebene rechtwinklig zur Strahlebene SHZ eingerichtet ist und der Winkel SHZ durch das Einfallslot halbiert wird. — Zur Einrichtung des Strahles HZ dient ein Diopter HR, dessen Okular ein in der Spiegelmitte befindliches Schauloch, dessen Objektiv ein Fadenkreuz in F ist. Spiegel und Diopter sind auf einem Brett B angebracht, welches mit seiner Mittellinie auf dem Messungspunkte P aufgestellt und mit Schrauben gerichtet wird. Dem Spiegel muss von einem Gehilfen die dem jeweiligen Sonnenstande entsprechende Stellung gegeben werden. Auf dem entfernten Dreieckspunkte erscheint das reflektierte Sonnenbildchen wie ein feiner Lichtkreis, ähnlich wie ein Stern.

Diese bei der ostpreussischen Gradmessung angewendete Form des Heliotropen (nach Repsold, Bertram) ist für den Gebrauch einfacher und zweckmässiger als die eines älteren von Gauss 1821 angegebenen und bei der hannoverschen Gradmessung benutzten Instrumentes, bei welchem ein vor dem Objektiv eines Fernrohrs angebrachtes Spiegelkreuz zur Reflexion des Sonnenbildes und gleichzeitig zur Einrichtung desselben dient.

## § 28. Die Basismessung.

Von besonderer Bedeutung ist die ostpreussische Gradmessung infolge ihrer Basismessung geworden durch den von Bessel konstruierten Basisapparat, mit welchem späterhin sämtliche Grundlinien der preussischen Landestriangulierung gemessen worden sind.

Die Basis wurde in der Nähe von Königsberg in ebenem Gelände zwischen den beiden rund 1,8 km voneinander entfernten Punkten Mednicken und Trenk aufgesucht, und diese Punkte unter der Erdoberfläche durch Mauerwerk mit eingemauerten Granitsteinen und darin lotrecht eingelassenen Messingbolzen mit scharfem, den Punkt angebenden Kreuzschnitt bezeichnet. Figur 52 zeigt die Lage der Grundlinie und das sie mit dem Dreiecksnetz verbindende „Basisnetz“. Bessel wählte auf Grund theoretischer Erwägungen diese kurze, scharf

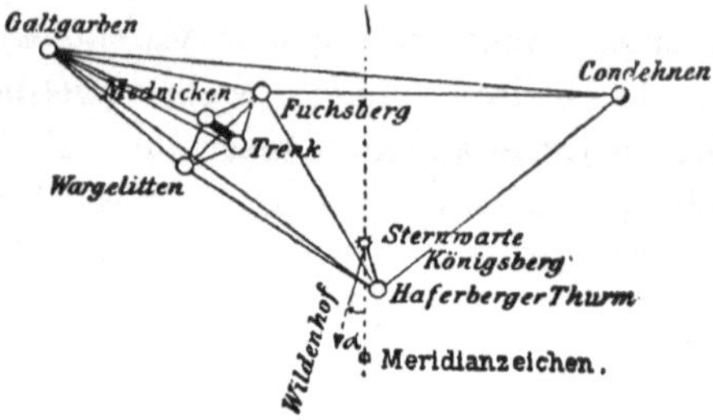


Figur 52.

zu messende Linie und das sie bis zur Dreiecksseite Galtgarben—Condehnen etwa 16mal vergrössernde Netz, was wieder eine exakte Richtungsmessung und strenge Ausgleichung dieses Netzes bedingte.

Eine Basismessung ist der Ausführung nach eine verfeinerte Längenmessung, wobei nur die einzelnen Operationen einer solchen, das Ausrichten der Linie, Einrichten der Massstäbe in diese und in die Horizontale oder die Messung der Abweichung davon, die Aneinanderreihung der aufeinanderfolgenden Massstablagen, die Ablotung und besonders die Bestimmung der wahren Länge der Massstäbe mit der der grundlegenden Bedeutung der Basismessung entsprechenden Genauigkeit zu erfolgen haben. Bessel konnte sich stützen auf die Erfahrungen, welche mit dem französischen von Borda konstruierten Apparate bei der Basis von Melun 1792 (vergl. Seite 34) und dem von Reichenbach konstruierten bei der rheinbayerischen Basis von Speyer

1819 gewonnen waren. Der in Königsberg unter Bessels Leitung angefertigte Apparat hatte im wesentlichen die folgende Einrichtung. Es kommen 4 einander gleiche Messstangen von je 2 Toisen = 3,9 m Länge zur Anwendung; die Stangen werden in der Reihenfolge I II III IV auf besonderen Böcken (Basisböcken) gelagert; diese Böcke sind mit Einrichtungen zu schneller mikrometrischer Verschiebung der Stangen in vertikaler und horizontaler Richtung versehen. Jede Messstange ist zusammengesetzt aus einem mit Endschneiden aus Stahl versehenen Eisenstabe und einem seiner ganzen Länge nach auf diesem ruhenden Zinkstabe; beide Stäbe sind an einem Ende fest miteinander verbunden, so dass aus den an dem freien Ende gemessenen gegenseitigen thermischen Dehnungen die Länge der Eisenstange, welche den eigentlichen Massstab darstellt, für eine bestimmte Normaltemperatur abgeleitet werden kann. Der Eisenstab ruht mittelst Rollen auf einer starken Tragstange und kann auf dieser durch Mikrometerschrauben fein bewegt werden. Jede Stange ist in einem sie umhüllenden Schutzkasten aus Holz gelagert, aus dem nur die Stangenenden mit den Schneiden und oben die Schraube der zur Messung der Stangenneigung dienenden Libelle hervorragen. Figur 53 giebt (von oben gesehen) eine Darstellung der einander zugekehrten Enden zweier Messstangen I und II. E ist die Eisenstange, Z die Zinkstange; $S_1$ die am Zinkstab angebrachte Schneide; $S_2$ eine auf dem Eisenstabe

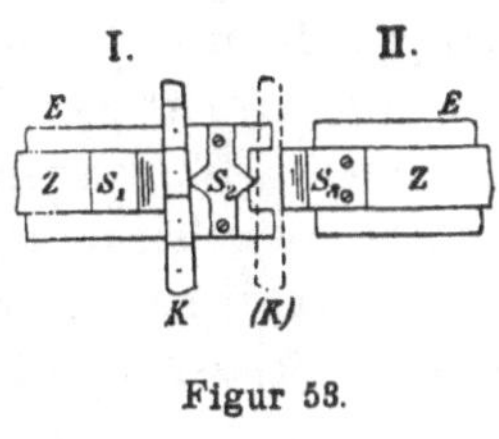


Figur 53.

sitzende Doppelschneide, die Endschneide der Stange I, $S_3$ ist dementsprechend die Anfangsschneide der Stange II. Die Stangen werden nicht wie bei der gewöhnlichen Längenmessung unmittelbar mit ihren Endschneiden aneinandergefügt, sondern es bleibt ein kleiner Zwischenraum, welcher mit einem „Messkeil" gemessen wird. Dies ist ein flacher Keil (etwa 100 mm lang und einige Millimeter dick) aus Glas mit glattgeschliffenen Seitenflächen, welcher auf der Oberfläche eine die Dickenunterschiede für gegenüberliegende Flächenpunkte angebende Teilung trägt, wie Figur 53 bei K zeigt. Dieser Keil ist eingelegt, um den Abstand zwischen der Schneide $S_1$ und $S_2$, die „Metallthermometerangabe" zu bestimmen; der punktierte Keil (K) zeigt die Lage bei der Bestimmung des Abstandes zwischen den Endschneiden der beiden Stangen I und II. Die von Bessel angewendeten Keile gestatten die Schneidenabstände in tausendtel Pariser Linien auszudrücken.

Die Ausführung der Messung bedarf einiger Vorbereitungen, zunächst der Herrichtung der Messbahn zwischen den Endpunkten durch Beseitigung kleiner Geländehindernisse, sodann der vorläufigen Ausrichtung der Linie, das Einweisen von Zwischenpunkten für die genaue Einrichtung der einzelnen Stangenlagen, wozu auf den Endpunkten und diesen Zwischenpunkten aufgestellte Fernrohre dienen, u. s. w. Nach diesen Vorbereitungen ist der Vorgang der Messung kurz der folgende: Es werden durch eine Vormessung eine Anzahl Basisböcke in den gehörigen Abständen aufgestellt und zur Aufnahme der Basisstangen vorbereitet. Basisstange I wird nunmehr auf ihre Böcke gelegt, ihr Anfangspunkt in die Lotlinie des Basisanfangspunktes gebracht und ihr Endpunkt in die Linie eingerichtet, wozu ein in der Linie aufgestelltes Fernrohr (Alignierungsfernrohr) dient. An Stange I wird II, an diese III und IV angelegt, wobei die Feinstellungsvorrichtung der Böcke und der Stangen so benutzt wird, dass die Intervalle zwischen den Endschneiden für die Einlegung der Messkeile geeignet sind. Nun werden in bestimmter Reihenfolge die Keilablesungen für die Metallthermometer, sowie für die Stangenintervalle und die Ablesungen der auf den Stangen befindlichen Libellen vorgenommen, daraufhin Stange I, danach II u. s. w. in ihre folgende bereits vorbereitete Lage gebracht. Bei Unterbrechung der Arbeit, Einmessung von Zwischenpunkten und am Abschluss der Messung am Endpunkte der Basis finden die erforderlichen Ablotungen mit Benutzung einer besonderen mit Einteilung versehenen „Festlegungsstange“ mit einem feinen Schnurlot statt. Zur Erzielung eines glatten Fortganges der Messung, der für die Genauigkeit des Ergebnisses von grosser Bedeutung ist, ist eine Anzahl gut geschulter Beobachter und Gehilfen erforderlich.

Die Berechnung der Basislänge erfordert eine genaue Massvergleichung mit einem besonderen Apparate, dem „Kompator“, und die Aufstellung einer Gleichung für jede Stange, welche die Beziehung zwischen ihrem Masswert und den Metallthermometerangaben zum Ausdruck bringt. Mit Hilfe dieser Gleichungen werden die einzelnen Stangenlängen berechnet, nach den Libellenablesungen auf die Horizontale reduziert (reduz. Länge = s cos $\alpha$, wenn $\alpha$ = Neigungswinkel), sodann die Keilablesungen für die Stangenintervalle beigefügt und endlich die ganze Basislänge auf die mathematische Erdoberfläche, den Meeresspiegel § 44, projiciert. Ist B die Basislänge in der Messungshöhe H, so ist, wenn R der zugehörige Erdkrümmungsradius ist, die projicierte Basislänge

$$B_0 = B \frac{R}{H+R},$$

oder die Reduktion genügend genau

$$\Delta B = B \frac{H}{R}$$

(vergl. hierzu Fig. 40 Reduktion des Bogens 1 — 1″ auf N N). Diese auf die mathematische Erdoberfläche reduzierte Basislänge wird in die weitere Rechnung eingeführt.

Die Genauigkeit der Basismessung wird aus den bei der Messung auftretenden Abweichungen berechnet und ausgedrückt im mittleren unregelmässigen Fehler für 1 km Länge; derselbe betrug bei der Königsberger Basis $\pm$ 2,8 mm, bei neueren Messungen bleibt er unter $\pm$ 1 mm. Der Bessel'sche Basisapparat ging nämlich später in den Besitz der preussischen Landesaufnahme über, diente zur Messung sämtlicher preussischen Grundlinien und wurde von Schreiber in mancher Beziehung verbessert.

Neben dem Bessel'schen Apparate hat neuerdings ein von Brunner in Paris konstruierter Apparat Bedeutung erlangt, dessen Prinzip zuerst von Ibañez für die spanische Landesvermessung angegeben wurde. Die Einrichtung des von Brunner für das preussische

Geodätische Institut konstruierten Apparates ist im wesentlichen die folgende. Der aus zwei Metallen (Platiniridium und Messing) kombinierte 4 m lange Massstab trägt auf der Oberfläche, durch Endstriche bezeichnet, das Stangenmass. Dieser Massstab wird gelagert auf zwei starke auf Stativen befestigte Dreifüsse, welche durch mikrometrische Schlittenführungen eine Bewegung des Massstabes in der Längsrichtung und rechtwinklig hierzu ermöglichen. Unabhängig von dieser Aufstellung des Massstabes sind auf Stativen zwei theodolitartig gebaute „Basismikrometer" mit lotrechten Ablesemikroskopen aufgestellt, deren Absehlinien durch Feinbewegungsvorrichtungen auf die Massstabstriche eingestellt werden können und somit die Anlegepunkte für den Massstab markieren. Diese Basismikrometer dienen gleichzeitig zur Ablotung auf den Endpunkten und zur Einweisung der Stangenlage. Das Messungsverfahren mit diesem Apparate ist das folgende. Nach der erforderlichen Herrichtung der Messbahn wird eine Anzahl Stangenböcke und Instrumentstative durch eine Vormessung in der Linie in entsprechenden Abständen aufgestellt; sodann wird Mikrometer I auf den Basisendpunkt eingelotet, danach Mikrometer II, von hier aus III u. s. w. in die Linie eingewiesen, sodann der Anfangsstrich der Basisstange mikrometrisch unter I, und Mikrometer II auf den Endstrich der Stange eingestellt, Metallthermometer und Neigungslibelle abgelesen, die Stange in die nächste Lage zwischen Mikrometer II und III gebracht u. s. w.

## § 29. **Die weiteren Arbeiten.**

### Die Höhenmessung.

Die Bestimmung der Höhenlage der Basisendpunkte und der übrigen Dreieckspunkte erfolgte nach dem in § 20 angegebenen Verfahren der trigonometrischen Höhenmessung mit dem Höhenkreis des Theodoliten. Auf dem nahe der Basis gelegenen Haferberger Turm, sowie den Punkten Nidden, Lattenwalde und Memel wurde unmittelbar die Höhe der Dreieckspunkte über dem Meeresspiegel gemessen. Hierzu wurde am Ufer ein starker Pfahl aufgerichtet, an welchem der mittlere Wasserstand bestimmt und die Höhe des Pfahlkopfes über demselben gemessen werden konnte, sodann wurde der Höhenunterschied des auf dem Dreieckspunkte aufgestellten Theodoliten über dem Pfahlkopf durch Messung der Höhenwinkel und Entfernungen nach § 20 ermittelt, wobei die letzteren indirekt aus Hilfsdreiecken wie in Figur 12 bis 14 (§ 7) abgeleitet wurden. Aus den gegenseitigen Zenitdistanzen war der Refraktionskoeffizient k (§ 19) bestimmt worden.

Hier sei erwähnt, dass heute zur Bestimmung des Meeresspiegels statt der einfachen Pfähle besondere Apparate „Mareographen" (§ 47) dienen, und an Stelle der trigonometrischen Höhenmessung die viel exaktere Feinnivellierung (§§ 26, 35) Anwendung findet, andererseits bleibt zu bemerken, dass auch schon bei der peruanischen Gradmessung mit den Seite 52 erwähnten Hilfsmitteln die Höhenlage der Basis- und Dreieckspunkte auf trigonometrischem Wege abgeleitet und die gemessenen Grundlinien auf dem Meeresspiegel reduziert wurden.

## Die astronomischen Messungen.

Es wurden auf der Königsberger Sternwarte und auf den Endpunkten der Kette Trunz und Memel Beobachtungen der Polhöhe und des Azimutes ausgeführt. Zur Bestimmung der Polhöhe diente die Seite 72 erwähnte Methode der Durchgangsbeobachtungen durch den I. Vertikal mit Anwendung eines Passageninstrumentes; zur Bestimmung des Azimutes diente ebenfalls das Passageninstrument mit Benutzung einer Meridianmarke (vergl. Fig. 52) sowie der Theodolit nach § 21; es wurden gemessen das Azimut von Galtgarben in Trunz und das von Nidden in Memel. Um die Lage der Sternwarte im Anschluss an das Dreiecksnetz möglichst scharf zu bestimmen, wurden zunächst einige Kirchtürme der Stadt angeschlossen und mittelst dieser die Sternwarte, in ähnlicher Weise, wie auch Snellius (§§ 6 und 7) seine Wohnung, in der die astronomischen Bestimmungen vorgenommen waren, mit seinem Dreiecksnetz in Verbindung gebracht hatte.

## Die Berechnung des Dreiecksnetzes.

Nach Ausführung der Messungen liegt die Aufgabe vor, aus diesen Messungsergebnissen das Dreiecksnetz rechnerisch so darzustellen, dass keine Widersprüche sich zeigen. Dazu dient die „Ausgleichungsrechnung“ nach der „Methode der kleinsten Quadrate“, welche von Gauss in den ersten Jahrzehnten des 19. Jahrhunderts begründet und bei seiner Hannoverschen Gradmessung (vergl. Seite 36) besonders für die Ausgleichung von Dreiecksnetzen ausgebildet wurde. Es handelt sich darum, die unmittelbaren Beobachtungen, welche naturgemäss mit kleinen unvermeidlicheu Fehlern behaftet sind, so abzuändern „auszugleichen“, dass sie in ein Dreiecksnetz passen, welches gar keine Widersprüche mehr zeigt; diese zu bestimmenden Aenderungen, „Verbesserungen“, müssen so beschaffen sein, dass die „Summe ihrer Quadrate ein Minimum“ wird. Dabei ist für jede in die Rechnung eingeführte Messung ihre Genauigkeit, das sogenannte „Gewicht“ in Ansatz zu bringen, so dass eine ihrer Natur nach genauere Beobachtung einen grösseren Einfluss auf die Herstellung des Endergebnisses ausübt als eine minder genaue. Der Gang der Rechnung ist kurz der folgende. Zunächst werden die auf jedem Punkte ausgeführten Richtungsbeobachtungen der in § 18 schon erwähnten, von Bessel besonders behandelten „Stationsausgleichung“ unterworfen, wodurch für jeden Punkt ein widerspruchsfrei für sich bestehendes Richtungssystem gewonnen wird. Danach handelt es sich darum, diejenigen Bedingungen aufzustellen, welche sich ergeben, wenn die Richtungen zum Dreiecksnetz zusammengesetzt werden; zunächst muss die Summe der Winkel in jedem Dreieck = 180° + dem sphärischen Excess sein, und ebenso die entsprechende Summe für andere Figuren (Vierecke etc.) sich ergeben, man nennt sie die „Netzwinkelbedingungen“; sodann tritt die Bedingung auf, dass alle Richtungen nach einem Punkte sich auch genau in diesem Punkte schneiden, oder dass auch die linearen Werte keine Widersprüche zeigen, man nennt das die „Seitenbedingungen“. Für die Aufsuchung dieser Bedingungen gelten besondere Regeln. Das ostpreussische Netz ergab 31 Bedingungen, nämlich 22 Netzwinkelbedingungen und 9 Seitenbedingungen, welche mit den kleinen Basisdreiecken beginnend nach und nach für das ganze Netz aufgestellt wurden. Aus den entsprechenden die Widersprüche ausdrückenden „Bedingungsgleichungen“ bildet sich nach dem erwähnten Prinzip der Methode der kleinsten Quadrate ein System von Gleichungen, aus denen die jeder einzelnen Messung beizulegende Verbesserung berechnet wird, so dass dann das ganze Netz widerspruchsfrei schliesst.

Zur Berechnung der Dreiecke diente ein von Legendre 1787 aufgestellter Satz, welcher ein sphärisches Dreieck mit kleinen Bogenamplituden auf ein ebenes mit gleichen linearen Seiten zurückführt. Da mit Rücksicht auf die Genauigkeit und Bequemlichkeit der Berechnuug der linearen Werte die Formeln der sphärischen Trigonometrie nicht ohne weiteres für Dreiecksberechnungen anwendbar sind, so ist neben anderen Hilfsmitteln dieser einfache Satz, welcher für alle unmittelbar messbaren Dreiecke Gültigkeit hat, für die geodätisch trigonometrischen Rechnungen von grosser Bedeutung geworden. Er lautet: Die Winkel eines sphärischen Dreiecks sind je um ein Drittel des Ueberschusses („Excess“) der Winkelsumme über 180° grösser als die entsprechenden Winkel eines ebenen Dreiecks mit denselben Seiten.

Es braucht daher nur der „Excess“ bestimmt zu werden, um die Formeln der ebenen Trigonometrie anwenden zu können; der Excess ist

$$\varepsilon'' = F \frac{\varrho''}{R^2},$$

worin $\varrho'' = 206265$, R = Erdradius (rund 6370000 m),

F = Flächeninhalt des Dreiecks ist, der wieder genügend genau gleich dem des ebenen Dreiecks genommen werden kann. Für ein Dreieck, dessen Flächeninhalt 1 Quadrat-Kilometer beträgt, ist der Excess rund 0,005″, für ein gleichseitiges Dreieck, wird der Excess erst 1″, wenn die Seiten über 21 km lang werden. — Es sei bemerkt, dass für grössere Dreiecke, z. B. solche, welche aus Dreiecksketten errechnet werden, sogenannte „Geodätische Dreiecke“, bei denen die Abweichung von der kugelförmigen Gestalt der mathematischen Erdoberfläche in Betracht kommt, der Satz eine Erweiterung erfährt.

Nach Abschluss der Ausgleichungsrechnung und der Berechnung aller Dreiecke mit den verbesserten Werten wurden im Anschluss an das auf der Sternwarte gemessene absolute Azimut ($\alpha$ Fig. 52) die Azimute aller Dreiecksseiten in Bezug auf die Sternwarte und ihre Entfernungen von hier (sog. Polarkoordinaten) abgeleitet; auch bei dieser Berechnung wurde die Erde als eine Kugel betrachtet, wobei als Erdhalbmesser der dem metrischen System (vergl. § 13) entsprechende verwendet wurde.

Werden, um ein Urteil über die Genauigkeit der ostpreussischen Gradmessung zu erlangen, die Dreieckswidersprüche (mit Berücksichtigung des Excesses) benutzt, so erhält man nach der in § 34 erwähnten Formel $\pm$ 0,7″ mittlerer Winkelfehler.

Nach Abschluss der Berechnungen war somit die erstrebte Verbindung der östlich und westlich sich erstreckenden Dreiecksketten untereinander und mit der Königsberger Sternwarte erreicht. Dieser der ostpreussischen Gradmessung zu Grunde liegende Gedanke, ein zusammenhängendes trigonometrisches System über weite Gebiete zu schaffen, welchen auch schon Gauss 10 Jahre vorher mit seiner hannoverschen Gradmessung, die die dänische von Schumacher einerseits mit den süddeutschen und preussischen, und andererseits mit den niederländischen Messungen verband, verfolgt hatte, wurde später (vergl. § 31) von Baeyer im weitesten Sinne zur Durchführung gebracht.

## § 30. Die Dimensionen des mathematischen Erdkörpers und die Rechnungen auf dem Ellipsoid.

Wie in § 12 gezeigt worden ist, können aus den Ergebnissen der auf die mathematische Erdoberfläche bezogenen Gradmessungen die Erddimensionen, d. h. die Axenlängen, die Abplattung und die sonstigen Werte für das Erdellipsoid berechnet werden. Es ist einleuchtend, dass diese Berechnungen, wenn sie sich auf voneinander unabhängige Messungen beziehen, die je nach den verwendeten Hilfsmitteln, besonders auch dem zu Grunde liegenden Längenmass, verschieden sind, in den Ergebnissen Abweichungen zeigen werden, und dass sich das Bestreben geltend machte, sowie das Messungsmaterial durch weitere exakte Arbeiten bereichert wurde, eine neue Berechnung vorzunehmen.

Derartige Berechnungen wurden ausgeführt von Legendre 1805; er benutzte die grosse französische Gradmessung mit 4 Meridianbögen, — von Walbeck 1819, er benutzte 5 Gradmessungsbögen (Peru, Ostindien, Frankreich, England, Lappland); — von Schmidt in Göttingen 1828, er nahm 6 Gradmessungen (zu den vorstehenden noch die hannoversche) und berücksichtigte auch die an den Zwischenpunkten beobachteten Polhöhen, insgesamt 25; — von Airy 1830 aus 14 Gradmessungen, und endlich 1837 und 1841 von Bessel, wodurch die Berechnungen zu einem vorläufigen Abschluss gebracht wurden, indem noch heute und vermutlich auch noch auf längere Zeit hinaus die Besselschen Dimensionen den meisten Landesvermessungen zu Grunde liegen. Bessels klassische Arbeit ist vor allen anderen dadurch ausgezeichnet, dass er in voller Erkenntnis der später (Abschnitt V) zu behandelnden Theorien das Beobachtungsmaterial einer sorgfältigen Kritik unterzog. Die von Bessel benutzten Gradmessungen sind:

| | Mittlere Polhöhe | Amplitude | Anzahl der Polhöhen |
|---|---|---|---|
| 1. Die peruanische (1735—41) | — 1° 31′ | 3° 07′ | 2 |
| 2. erste ostindische (1790) | + 12° 32′ | 1° 35′ | 2 |
| 3. zweite „ (1802) | + 16° 8′ | 15° 58′ | 7 |
| 4. französische (1792—1808) | + 44° 51′ | 12° 22′ | 7 |
| 5. englische (1783 angef.) | + 52° 02′ | 2° 50′ | 5 |
| 6. hannoversche (1821—23) | + 52° 32′ | 2° 01′ | 2 |
| 7. dänische (1816) | + 54° 08′ | 1° 32′ | 2 |
| 8. ostpreussische (1831—38) | + 54° 58′ | 1° 30′ | 3 |
| 9. russische (1821—31) | + 56° 04′ | 8° 02′ | 6 |
| 10. schwedische (alte lappländische 1801) | + 66° 20′ | 1° 37′ | 2 |

Aus diesen 10 Gradmessungen, welche zwischen den Polhöhen — 3° und + 67° verteilt sind, zusammen eine Ausdehnung von rund 50 Breitengrade darstellen und 38 Polhöhen enthalten, leitete Bessel unter Anwendung der Methode der kleinsten Quadrate die Dimensionen ab, wobei die linearen geodätisch bestimmten

Bögen als fehlerfrei im Vergleich mit den astronomisch bestimmten Polhöhen angesehen wurden.

Die Dimensionen des Erdellipsoides sind:

**Grosse Halbaxe** $a =$ **6 377 397,15 m**
$\log a = 6.804\,6434\,637$

**Kleine Halbaxe** $b =$ **6 356 078,96 m**
$\log b = 6.803\,1892\,839$

**Abglattung** $p = \frac{1}{299{,}1528} = 0{,}0033\,4277$

Excentricität $e = 0{,}081\,696\,8304$
$\log e = 8.912\,2052\,075 - 10$

Meridian-Umfang $= 40\,003\,423{,}05$ m

Meridian-Quadrant $= 10\,000\,855{,}76$ m

Aequator-Umfang $= 40\,070\,368{,}10$ m

Ein Aequatorgradbogen $= 111\,306{,}578$ m

Eine geographische Meile $= {}^{1}/_{15}$ Aequatorgrad $= 7\,420{,}439$ m

Oberfläche d. Ellipsoides $= 509\,950\,714{,}3$ qkm.

Kubikinhalt d. Ellipsoides $= 1\,082\,841\,322\,500$ cbkm.

Radius desjenigen Kreises, welcher denselben Umfang wie eine Meridianellipse hat . . . . . . . . . . . 6 366 742,52 m

Radius derjenigen Kugel, welche dieselbe Oberfläche wie das Ellipsoid hat . . . . . . . . . . . 6 370 289,51 m

Radius derjenigen Kugel, welche denselben Inhalt wie das Ellipsoid hat . . . . . . . . . . . . . 6 370 283,16 m.

Neuere Bestimmungen sind vorgenommen von Clarke 1856, 1866 und 1880; seine Ergebnisse in Meter umgewandelt sind a = 6 378 249 m, b = 6 356 515 m,

$$\text{Abplattung} = \frac{1}{293,466}.$$

Weitere Bestimmungen für die besonderen in Abschnitt V behandelten Untersuchungen liegen vor von Listing (typisches Ellipsoid), von Helmert (Referenz-Ellipsoid) und von anderen.

### Die Berechnungen auf dem Erdellipsoid.

Tritt an Stelle der kugelförmigen Erdgestalt die ellipsoidische, so erleidet dementsprechend auch die Berechnung der Dreiecksnetze eine entsprechende Abänderung. Zunächst ist, wie schon an Figur 19 Seite 30 erwähnt, die ellipsoidische Breite oder Polhöhe eines Punktes, der Winkel den die Richtung der Flächennormalen (Schwerkraft) mit dem Aequator bildet, zu unterscheiden von dem durch den Radiusvektor des Punktes mit dem Aequator gebildeten Winkel, der sogenannten „geocentrischen Breite", welche für geodätische Rechnungen nicht direkt in Betracht kommt. Sodann ist zu beachten, dass während auf der Kugel die von einem Punkte ausgehenden Grosskreisbogen nach allen Richtungen hin die gleiche Krümmung haben, dies auf dem Ellipsoid nicht der Fall ist. Hier ist zu unterscheiden der Krümmungsradius des Meridianschnittes $R_1$ von dem eines rechtwinklig zum Meridian stehenden Schnittes des „Querschnittes" $R_2$, und diese wieder von dem eines Schnittes in beliebigem Azimut $R^\alpha$. — Es gelten hierfür die Gleichungen

$$R_1 = \frac{a(1-e^2)}{W^3}, \quad R_2 = \frac{a}{W}$$

und
$$\frac{1}{R\alpha} = \frac{\cos^2\alpha}{R_1} + \frac{\sin^2\alpha}{R_2}.$$

Darin ist
$$W = \sqrt{1-e^2 \sin^2\varphi},$$
während a und e die in § 12 eingeführte Bedeutung haben, und $\alpha$ das Azimut ist. Es zeigt sich daran wie die Meridiankrümmungshalbmesser allmählich vom Aequator bis zum Pol zunehmen. Bei trigonometrischen Rechnungen wird sehr häufig Gebrauch gemacht vom „mittleren Krümmungsradius", Rm, wodurch eine Kugel ausgedrückt wird, welche sich für den betreffenden Erdpunkt dem Erdellipsoid anschmiegt und geeignet ist, das Ellipsoid für Messungen mit begrenzter Ausdehnung zu ersetzen. Es ist

$$R_m = \sqrt{R_1 R_2} = \frac{a\sqrt{1-e^2}}{W^2}.$$

Betrachtet man zwei Ellipsoidpunkte 1 und 2 und errichtet im Punkt 1 eine durch die Flächennormale bestimmte den Punkt 2 enthaltende Normalebene, so erhält man den „Normalschnitt" von 1 nach 2; wird umgekehrt der Normalschnitt von 2 nach 1 gelegt, so fallen diese beiden Schnitte nicht zusammen, wie das bei der Kugel der Fall ist. Zwischen diesen gegenseitigen Normalschnitten weit entfernter Punkte liegt die sogenannte „geodätische Linie", die kürzeste Linie zwischen den Punkten, längs welcher die Elemente der gegenseitigen Normalschnitte zusammenfallen. Durch solche Linien gebildete grosse Dreiecke bezeichnet man als „geodätische Dreiecke" (vergl. Seite 102).

Ist für irgend einen Punkt des Ellipsoides seine Lage in den geographischen Koordinaten Polhöhe $\varphi$, Länge $\lambda$ gegeben, und durch Messung oder Rechnung die Länge eines Erdbogens s und sein Azimut $\alpha$ bestimmt, so entsteht die Aufgabe, die entsprechenden Werte Polhöhe, Länge und Azimut für den Endpunkt des Bogens zu berechnen. Diese Aufgabe bezeichnet man als „geodätische Hauptaufgabe“, oder als „geodätische Uebertragung“ von Polhöhe, Länge und Azimut; sie wie ihre Umkehrung, aus den Polhöhen und Längen den Erdbogen und die beiden Azimute abzuleiten, haben, wie die Vergleichung mit der entsprechenden Aufgabe im einfachen ebenen rechtwinkligen Koordinatensystem in § 9 und Figur 17 erkennen lässt, für die Triangulierungsrechnungen eine grosse Bedeutung. Da die vollständigen Formeln hier nicht mitgeteilt werden können, soll die Beziehung durch die folgenden groben Formeln, welche nur für sehr kurze Entfernungen brauchbar sind, allgemein zum Ausdruck gebracht werden; es ist mit Beziehung auf die Punkte 1 und 2

$$\varphi_2 = \varphi_1 + \frac{s}{R_1} \sin \frac{\alpha_1 + \alpha_2}{2} \varrho'',$$

$$\alpha_2 = \alpha_1 + 180^0 + \Delta\lambda \sin \frac{\varphi_1 + \varphi_2}{2},$$

$$\Delta\lambda = -\frac{s}{R_2} \sec \frac{\varphi_1 + \varphi_2}{2} \cos \frac{\alpha_1 + \alpha_2}{2} \varrho''.$$

Darin bedeutet $\Delta\lambda$ den Längenunterschied und $R_1$ und $R_2$, wie auf Seite 106, den Meridian- bezw. Querkrümmungshalbmesser. Der in der zweiten Gleichung enthaltene Wert

$$\Delta\lambda \sin \frac{\varphi_1 + \varphi_2}{2}$$

drückt den Unterschied des Azimutes im Anfangs- und Endpunkt des Erdbogens aus; man bezeichnet diese Abweichung als „Meridiankonvergenz“.

Es können somit, sobald nur für einen Punkt eines Dreiecknetzes die absoluten Werte $\varphi$ und $\alpha$ bezw. $\lambda$ bestimmt sind, aus den Dreiecksberechnungen die geographischen Koordinaten aller anderen Punkte relativ gegen diesen Ausgangspunkt, sowie die gegenseitigen Azimute der Dreiecksseiten berechnet werden, und diese durch „geodätische Uebertragung“ gewonnenen Werte mit direkt astronomisch bestimmten verglichen werden, wie das in § 45 erforderlich sein wird. Für die Genauigkeit der Zahlenrechnung ist hierbei zu bemerken, dass, wie sich aus den auf Seite 105 mitgeteilten Erddimensionen ergiebt, ein Meridianbogen von 1" Polhöhenunterschied rund 30 m Bogenlänge entspricht, und demnach 0,1 m, welches etwa die Genauigkeit von Dreiecksseiten ausdrückt, $^1/_{300}$" Polhöhenunterschied bedeutet, so dass die Berechnungen bis auf die 3. oder 4. Decimalstelle der Polhöhensekunden ausgeführt werden müssen.

Das Verfahren der sphäroidischen Rechnungen ist in theoretischer und praktischer Hinsicht heute exakt durchgebildet und gestattet, die Rechnungen mit aller erforderlichen Schärfe auszuführen, wobei Tabellen für stets wiederkehrende Glieder der in Reihen entwickelten Rechenformeln zur Anwendung kommen. Diese Hilfsmittel einschliesslich der für die praktische Rechnung unentbehrlichen Logarithmentafeln sind bei der allmählichen Entwicklung der trigonometrischen Rechnungen seit dem 17. Jahrhundert nach und nach ausgebildet worden; die sphäroidischen Rechnungen stützen sich insbesondere auf die Förderung, welche sie in der Mitte des 18. Jahrhunderts durch Euler erfuhren, in speciell geodätischer Hinsicht wurden sie dann weiter entwickelt durch Legendre, später besonders durch Gauss, Bessel und Baeyer, und in neuerer Zeit neben anderen durch Schreiber, Helmert, Jordan.

## § 31. Die Längengradmessung und die internationalen Messungen.

Die bei den Berechnungen des Erdellipsoides aus den verschiedenen Messungen sich ergebenden Abweichungen, besonders die Abweichungen, welche die beobachteten Polhöhen zeigten, liessen auf eine verschiedene Krümmung der Meridiane schliessen und gaben der Vermutung Raum, dass auch die Parallelschnitte des Ellipsoides nicht Kreise, sondern vielleicht ebenfalls Ellipsen sein könnten. Damit ergab sich die Notwendigkeit einer Untersuchung der Krümmung in der Richtung der Parallelen durch die sogenannten „Längengradmessungen“. Das sind in der Richtung der Parallelen unternommene Gradmessungstriangulierungen, aus denen die linearen Abmessungen von Parallelenbögen abgeleitet werden, für welche sodann die zugehörigen geographischen Längenunterschiede zu messen sind, so dass wieder (entsprechend den Meridianbögen § 13) die zu gleichen Längenunterschieden gehörenden Parallelenbögen verglichen werden können.

Der geographische Längenunterschied zweier Erdorte entspricht (vergl. Göschen Nr. 11) dem Zeitunterschied der Meridiandurchgänge eines Gestirnes oder dem Unterschiede der Ortszeiten; es sind n Zeitsekunden (sec) = 15 n Winkelsekunden (″). — Die für die Zwecke der Erdmessung allein in Betracht kommende Methode der Längenunterschiedbestimmung ist die gegenseitige telegraphische Zeitvergleichung. Erforderlich sind hierzu durch Zeitbestimmungen mittelst des Passageninstruments kontrolierte astronomische Uhren und entsprechende telegraphische Signal- und Registrierapparate, sogenannte Chronographen. — Sind diese Apparate auf den beiden Beobachtungsorten aufgestellt und diese miteinander telegraphisch verbunden, so werden durch abwechselnde gegenseitige Signalgebung in bestimmten Zeitmomenten auf den beiderseitigen Registrierstreifen neben den Uhrzeiten die Zeitsignale aufnotiert und damit unmittelbar der Zeitunterschied, d. h. also die Längendifferenz, bestimmt. Durch die Ausbildung, welche diese Methode in den letzten Jahrzehnten erfahren hat, ist es möglich geworden, die Längendifferenzen nahe mit derselben Zuverlässigkeit zu ermitteln wie die Polhöhen. Es werden, da es sich stets um eine grössere Anzahl von Unterschieden handelt, diese zu einem geschlossenen Netz astronomischer Längendifferenzen zusammengesetzt, und dieses Netz einer besonderen Ausgleichung unterworfen; so z. B. entfallen auf das norddeutsche Netz der Längendifferenzen rund 25 Beobachtungsstationen (vergl. § 45).

Die erste bedeutendere Längengradmessung war zu Anfang des 19. Jahrhunderts die französisch-sardinisch-österreichische unter dem 45. Breitengrad zwischen Bordeaux und Fiume. Weitere Messungen wurden gewonnen besonders im Anschluss an die allmählich an Ausdehnung zunehmenden und ein reiches Material liefernden Landesvermessungen (Abschnitt IV), z. B. ein französischbayrisch-österreichischer Bogen von Brest bis Wien. Die bedeutendsten dieser Unternehmungen sind aber die Längengradmessung auf dem 52. Breitengrade vom Ural bis zur irischen Küste über 68° Längenunterschied umfassend, sowie die transkontinentale Kette in Nordamerika auf dem 39. Breitengrade, welche einen Längenunterschied von 57° überspannt. Schon bald zeigten die Ergebnisse der für die fertiggestellten Teile dieser Bögen in Angriff genommenen Berechnungen, dass thatsächlich Abweichungen von der Kreisform vorhanden sind (vergl. § 44). Die auf der Vermutung, die Parallelschnitte seien ebenfalls Ellipsen, und auch auf theoretische Untersuchungen sich stützenden Versuche, ein dreiaxiges Erdellipsoid zu berechnen, hatten keinen Erfolg. Es gewann vielmehr auf Grund des nach und nach zusammenkommenden Materials die schon früher ausgesprochene Anschauung, dass die Erdfigur eine unregelmässige, gar nicht durch eine einfache Formel ausdrückbare Form habe, eine feste Gestalt.

### Die europäische Gradmessung und internationale Erdmessung.

Um weiteres Beobachtungsmaterial neben den eben erwähnten Längengradmessungen, sowie den älteren Messungen, wie dem englisch-französisch-spanischen Breitenbogen von 28° und einem russisch-finnischen von 26° Amplitude zunächst für Mitteleuropa in dem Rahmen zwischen den Meridianen von Bonn und Königsberg bis zu den Parallelen von Christiania und Palermo zu beschaffen, unternahm es der preussische General Baeyer, der Mitarbeiter Bessels bei der ostpreussischen Gradmessung, die bisher vereinzelten Grad- und Landesvermessungen der mitteleuropäischen Staaten durch eine geodätische Vereinigung derselben zu einem einheitlichen System zusammenzufassen. Damit rief er 1861 die „mitteleuropäische Gradmessung“ ins Leben, welche 1866 zur „europäischen Gradmessung“ und 1886 zur „internationalen Erdmessung“ sich erweiterte, und nunmehr die civilisierten Staaten der ganzen Erde zu gemeinschaftlichen umfassenden geodätischen Unternehmungen in sich vereinigt. Die wissenschaftliche und administrative Vertretung findet die Vereinigung in ihrer „permanenten Kommission“ und dem „Centralbureau“ in Berlin. Auf den jährlichen Zusammenkünften und den alle drei Jahre zusammentretenden Generalkonferenzen werden die Aufgaben diskutiert, die Programme für gemeinschaftliche Arbeiten entworfen und über die Fortführung derselben berichtet. Das Centralbureau wurde nach einer Neuorganisation in Preussen 1869 mit dem neugegründeten „geodätischen Institut“ unter Baeyers Direktion vereinigt. Von den vielen und umfassenden Arbeiten dieser Vereinigung sei nur als im allgemeinen Interesse hervortretend erwähnt: Die Prüfung und Regulierung des Masssystemes für die Grundlinienmessung der nunmehr in Verbindung gebrachten Triangulierungen, aus welcher in Paris 1875 die schon Seite 34 erwähnte internationale Meterkonvention hervorging; ferner der trigonometrische und astronomische Anschluss der Gradmessungssysteme der einzelnen Länder, besonders durch telegraphisch bestimmte Längendifferenzen, wodurch 1883 in Rom eine Einigung über den einheitlichen Nullmeridian Greenwich herbeigeführt wurde.

Als nach dem Tode Baeyers, des Begründers der Vereinigung, die Direktion des preussischen geodätischen Instituts an Helmert überging und in Verbindung damit eine Neuorganisation desselben vorgenommen worden war, welche auch zum Bau eines mit allen wissenschaftlichen Hilfsmitteln ausgerüsteten Institutes auf dem sogenannten Telegraphenberg bei Potsdam führte, fand die schon erwähnte Umwandlung zur „internationalen Erdmessung“ statt. Mit dieser Erweiterung des Gebietes ist auch eine Erweiterung der Aufgaben verbunden.

Diese neuen Aufgaben, sowie die ihnen zu Grunde liegende Anschauung von der Erdfigur, werden uns im V. Abschnitt beschäftigen.

## IV. Abschnitt.

# Die Landesvermessung.

### § 32. Einleitung.

Schon bald nach Einführung der trigonometrischen Messungsmethode und den ersten ausgedehnten Arbeiten in Frankreich (vergl. § 13) erkannte man die grundlegende Bedeutung derselben für die mit fortschreitender Kulturentwicklung mehr und mehr zum Bedürfnis werdenden im Zusammenhang durchgeführten Vermessungen der Länder. Heute ist in jedem Kulturstaate für die verschiedensten öffentlichen Zwecke, wie staatswirtschaftliche, militärische, technische und allgemein wissenschaftliche, eine bis ins einzelne gehende exakte Landesvermessung unerlässlich. Dieselbe muss um den vielseitigen an sie gestellten Anforderungen zu genügen, derart beschaffen sein, dass sie, soweit das technisch möglich ist, alle im öffentlichen Interesse erforderlichen geodätischen Unterlagen unmittelbar zu liefern vermag, und dass besondere Vermessungen nicht notwendig sind oder doch möglichst eingeschränkt werden.

Die für den öffentlichen Gebrauch bestimmten Ergebnisse einer den heutigen Ansprüchen genügenden Landesvermessung sind zuverlässige Karten, welche mit Rücksicht auf die genannten verschiedenartigen Anforderungen bearbeitet werden, als:

1. Geometrische Specialkarten, sogenannte „Katasterkarten“ im Massstab von etwa 1:500 bis 1:2000, welche Lage und Begrenzung jedes einzelnen Grundstückes, Gebäudes, Weges, Wasserlaufes u. s. w. nachweisen und daher auf einer exakten Specialvermessung, der „Katastermessung“, beruhen müssen (§ 38).

2. Topographische Specialkarten im Massstab von etwa 1:10000, 1:25000 bis 1:50000, welche eine genaue und übersichtliche Darstellung des Geländes mit seiner Bedeckung, den Kulturen, Ortschaften u. s. w. mit Einschluss vereinzelter wichtiger Gebäulichkeiten und kleiner Wege und Wasserläufe liefern, wobei die Höhenverhältnisse des Geländes durch Höhenkurven und zahlreiche in die Karte eingetragene Höhenzahlen zum Ausdruck gebracht sind (§ 36).

3. Topographische Uebersichtskarten im Massstab von etwa 1:100000, 1:250000 u. s. w., welche in entsprechender Verallgemeinerung die Darstellung eines grösseren Geländeabschnittes auf einem Blatte gestatten.

Die beiden wichtigen zu einer Landesvermessung unerlässlichen Grundlagen sind: eine einheitliche das ganze Gebiet eines Staates überspannende Triangulierung, die „Landestriangulierung“, und ein durch genaue Nivellierung geschaffenes Landeshöhennetz, das sogenannte „Landespräcisionsnivellement“. —

Auf diese beiden Unterlagen gründen sich einerseits die Specialvermessungen, deren Ergebnis die Specialkarten sind, und andererseits die topographischen Aufnahmen und topographischen Karten. Da die geometrische Specialvermessung in erster Linie für die wirtschaftlichen Aufgaben des Staates in Betracht kommt und fast in allen Ländern zuerst für die Zwecke der Grundsteuererhebung zur Durchführung gelangt ist, so untersteht dieser Teil der Landesvermessungsarbeiten in den meisten Fällen den Finanzverwaltungen der Staaten, während andererseits das Bedürfnis nach topographischen Uebersichtskarten zunächst für militärische Zwecke sich geltend gemacht hat, und dementsprechend die Landestopographie in den meisten Staaten den Militärbehörden (Generalstäben) zusteht. Als ein Beispiel für die Bedeutung, welche in militärischer Hinsicht den trigonometrischen Bestimmungen für die Militärkarten beigelegt wurden, sei erwähnt, dass die von Napoleon I. okkupierten Länder alsbald von den Dreiecksnetzen der französischen Generalstabsgeodäten vom Dépôt général de la guerre (dem Muster der militärgeodätischen Einrichtungen der anderen Staaten) überzogen wurden.

Bei der preussischen Landesvermessung, welche in folgendem als Beispiel dienen soll, ist die „Landestriangulation", das „Landespräcisionsnivellement" und die „Landestopographie" einer dem Generalstabe der Armee zugeteilten Vermessungsbehörde, der „Landesaufnahme" mit drei Abteilungen, der „trigonometrischen", „topographischen" und „kartographischen", übertragen. Die geometrische Specialvermessung, die „Katastervermessung" ist Sache der dem Finanzministerium unterstellten Katasterverwaltung. Ueber die zweckmässige Gestaltung des gesamten preussischen Vermessungswesens wacht das „Centraldirektorium der Vermessungen im preussischen Staate".

## § 33. Der Landeshorizont.

Die zahlenmässigen Ergebnisse aller Punktbestimmungen werden bezogen auf den allgemeinen Vermessungshorizont des Landes. Derselbe ist für Preussen (Deutschland) bestimmt durch das aus den Ergebnissen der Erdmessungen abgeleitete Bessel'sche Erdellipsoid, dessen Dimensionen auf Seite 105 mitgeteilt sind. Die Höhenlage dieses Berechnungsellipsoides ist bestimmt durch einen an der Sternwarte in Berlin angebrachten Höhenfestpunkt. Dieser Festpunkt, der „Normalhöhenpunkt für das Königreich Preussen“, ist bezeichnet durch einen kleinen vertikalen Massstab, dessen Mittelstrich die Höhenzahl + 37 m beigelegt ist. Das heisst, der „Landeshorizont“, die sogenannte „Normal-Nullfläche“ mit dem Zeichen NN, ist diejenige sphäroidische Fläche mit Bessel'schen Dimensionen, welche 37 m unter dem erwähnten Massstabstrich die Lotlinie desselben schneidet. Diese Fläche ist auf Grund der Landesnivellierung durch die Zahl 37 m derart angeordnet, dass sie bis auf einige Centimeter bezw. Decimeter dem mittleren Niveau des Meeresspiegels der Ost- und Nordsee sich anpasst, so dass, allgemein gesprochen, der Spiegel der norddeutschen Meere als Landeshorizont betrachtet werden kann (vergl. § 47).

## § 34. Die Landestriangulierung.

Auf dieser so definierten Fläche sind durch ein das ganze Staatsgebiet überspannendes trigonometrisches System Punktorte in geographischen Koordinaten bestimmt. Als Ausgang für diese Koordinierung dient die absolute Position des Meridankreises der Berliner

Sternwarte, welche an das trigonometrische Netz angeschlossen ist, und das nach § 21 direkt gemessene Azimut der Dreiecksseite Rauenberg-Berlin (Marienturm). Die geographische Länge ist nominell bezogen auf Ferro (20° west. Paris).

Das gesamte Netz zerfällt in mehrere einander stufenweise über- bezw. untergeordnete Systeme, so dass nach und nach von weitmaschigen zu engeren übergegangen wird und dementsprechend verschiedene „Ordnungen" der Triangulierung unterschieden werden. Bei der Triangulierung I. Ordnung, der „Haupttriangulierung", haben die Seiten eine Länge von rund 50 km, bei der II. Ordnung, der „Zwischentriangulierung" von 20 km — 10 km, bei der III. und IV. Ordnung, der „Kleintriangulierung" unter 10 km, durchschnittlich etwa 3—5 km.

Die Haupttriangulierung liefert den Rahmen für die untergeordneten Systeme und dient gleichzeitig als Erdmessungstriangulierung, da bei der heutigen Organisation des Vermessungswesens besondere trigonometrische Arbeiten für die Zwecke der Erdmessung erspart werden sollen. Es hat daher die Haupttriangulierung allen diesen Anforderungen gerecht zu werden und muss mit der grösstmöglichen Schärfe zur Ausführung kommen. Das ganze Land wird durch ein weitmaschiges System von Dreiecksketten überzogen, welche dasselbe in Abschnitte zerlegen. Die westlichste dieser Ketten, z. B. die „Rheinisch-Hessische Kette", zieht sich von Westfalen, aus der Gegend von Münster und Arnsberg, im Anschluss an die dort vorbeiziehende „Hannoversche Kette" im weiten Bogen längs der niederländischen, belgischen, luxemburgischen Grenze, an der bayrischen Pfalz vorbei, hin über den Rhein, und Darmstadt bis zum Anschluss an die hannoversch-sächsische Kette an der Werra. Hierbei ist mit den Triangulierungen der Nachbarländer die für die Erdmessung erforderliche Verbindung hergestellt. Andere Ketten sind die hannoversche, die hannoversch-sächsische, die schlesisch-posensche, die märkisch-schlesische, die schleswig-holsteinische, die Elbkette u. s. w., sowie als älteste die in § 27 (Fig. 50) beschriebene ostpreussische Gradmessung, welche zur Zeit erneuert wird. Acht über das Staatsgebiet passend verteilte Grundlinien liefern das Längenmass für diese Ketten, z. B. im Gebiete der rheinisch-hessischen Kette die Basis bei Bonn. Alle diese Grundlinien sind mit dem Bessel'schen Basisapparat, wie in § 28 beschrieben ist, gemessen worden. Diese Ketten, gewissermassen die Grundpfeiler der ganzen Triangulierung, sind nach und nach bearbeitet und zuletzt mit der genannten westlichsten Kette im Rheinland abgeschlossen worden. Sie umrahmen weite Gebiete, etwa von der Grösse einer Provinz; diese Gebiete sind durch sogenannte „Füllnetze" ausgefüllt. Derartige Netze sind z. B. das von der rheinisch-hessischen Kette umschlossene „niederreinische Netz", andere sind das „Wesernetz", das sächsische, märkische, posensche, schlesische Netz u. s. w.

Die Punkte in diesen Hauptketten und Hauptnetzen werden durch sorgfältige Erkundung auf im Gelände hervorragenden Anhöhen, Bergen etc. so ausgewählt, dass für die mathematische Bestimmung möglichst günstige Figuren entstehen. Zur dauernden

Erhaltung werden sie durch kräftige Granitsäulen und eine darunter versenkte Platte vermarkt und ausserdem noch durch unterirdische Nebenmarken versichert, sowie der Boden im Umkreis von einigen Metern für den Staat erworben. Zur Ausführung der Winkelmessung werden, um über örtliche Hindernisse, Ortschaften, Gebüsch, Wald hinwegzukommen, sowie um die Ziellinie möglichst über dem Erdboden (vergl. §§ 18, 19) zu erheben, die in § 27 erwähnten hohen Beobachtungsgerüste errichtet, zuweilen auch auf Kirchtürmen und anderen Bauwerken Standpunkte hergestellt, wobei dann die in § 18 beschriebene „Centrierung" erforderlich wird. Zur Signalisierung der Zielpunkte dient ausschliesslich der Heliotrop Seite 90. Für die Winkelmessung werden grosse Theodolite benutzt (27 cm Kreisdurchmesser) mit Schraubenmikroskopen, an denen noch Bruchteile der Sekunde gelesen werden können. Die Messung erfolgt nach dem Seite 65 erwähnten von Schreiber entwickelten Verfahren. Um ein Urteil über die Genauigkeit der Winkelmessung zu erhalten, werden die Winkel in den Dreiecken zusammengestellt und unter Berücksichtigung des sphärischen Excesses (§ 29) die Abweichungen, die „Dreiecksschlussfehler" w gebildet. Dadurch erhält man nach einer zur Vergleichung der Genauigkeit verschiedener Triangulierungen seitens der internationalen Erdmessung festgestellten Formel

$$m = \sqrt{\frac{\Sigma w^2}{3n}}$$

(n = Anzahl der Dreiecke) einen Ausdruck für den mittleren Winkelfehler. Für die neueren Arbeiten übersteigt der Wert m nicht $\pm$ $^1/_2$'', bei den besten ist er rund $\pm$ $^1/_4$''

Die Ketten werden, wie am Beispiel der ostpreussischen Gradmessung (§ 29) erläutert ist, nach Einführung des Längenmasses (Basis) in sich und entsprechend dem allmählichen Fortschritt der Arbeiten im Anschluss an die bereits früher berechneten Ketten einer einheitlichen Ausgleichung nach der Methode der kleinsten Quadrate auf Grund der sich ergebenden Bedingungsgleichungen unterworfen. Das Ergebnis dieser Ausgleichung sind demnach, widerspruchslos sich zu einem einheitlichen System zusammensetzende Winkel und Seiten, aus denen mit Bezug auf den genannten Ausgangspunkt Berlin und das Anfangsazimut auf dem in § 30 angedeuteten Wege auf dem Bessel'schen Ellipsoide geographische Koordinaten durch geodätische Uebertragung berechnet werden. Die Rechenschärfe geht bis auf die 4. Decimale der Sekunde, so dass die linearen Orte innerhalb des Centimeters genau ausgedrückt sind.

Nach Abschluss der Berechnung für die „Ketten" werden im Anschluss an diese die „Füllnetze" der Ausgleichung und Berechnung unterworfen, womit die Haupttriangulierung abgeschlossen ist.

Auf diese gründen sich sodann die untergeordneten Systeme, zunächst die Zwischentriangulierung II. Ordnung. Figur 54 giebt eine Uebersicht. Die stark gezeichneten Punkte und Linien gehören einer Kette der Haupttriangulierung I. Ordnung an, die fein gezeichneten der einzuschaltenden Zwischentriangulierung.

Eine weitere Stufe der Bestimmungen zeigt Figur 55, worin das stark gezeichnete Viereck H L G A der

Triangulierung II. Ordnung in Figur 54 angehört, und die feingezeichneten Punkte und Linien der Kleintriangulierung III. und IV. Ordnung entsprechen. Durch diese stufenweise Einschaltung sind die Punktabstände von rund 40 km des Hauptnetzes und 12 km

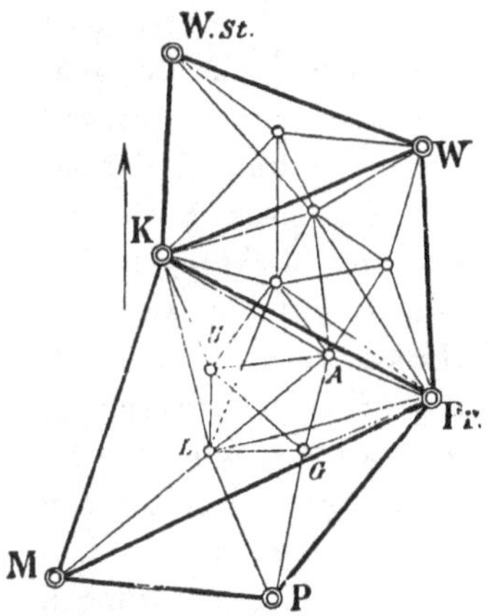


Figur 54.

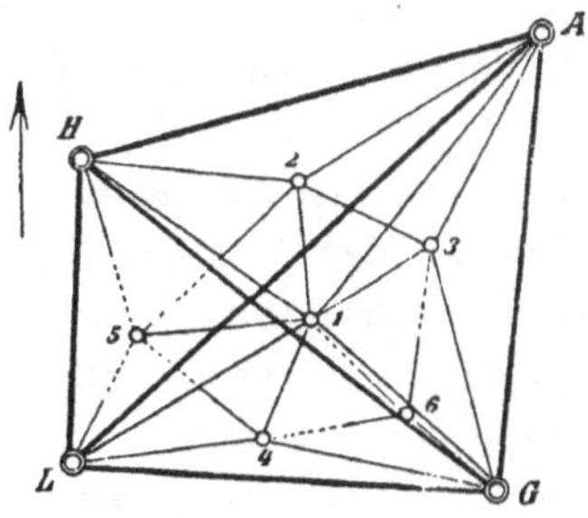


Figur 55.

des Zwischennetzes auf 3 km im Kleinnetz herabgebracht.

Bei diesen Einschaltungen, teilweise auch bei derjenigen der Füllnetze, wird ein anderes Verfahren der Ausgleichung und Berechnung angewendet als bei den Ketten. Dasselbe ergiebt sich aus der schon in §§ 7 und 8 angeführten Bestimmungsmethode des „Einschneidens", des Vorwärts- und Rückwärtseinschneidens.

Voraussetzt wird hierbei, dass die Punktorte des übergeordneten Systems in einem rechtwinkligen Koordinatensystem gegeben sind.

Im Falle des Vorwärtseinschneidens, z. B. Punkt 5 in Figur 55, sind auf den hierfür durch Koordinaten gegebenen Punkten H, 2, 1, 4 L für die in der Figur eingezeichneten Richtungen die Beobachtungen ausgeführt worden, so dass (nach § 10) fünf bestimmende Richtungen vorliegen. Zur Ausgleichung dieser Beobachtungen wird das Verfahren der „vermittelnden" Beobachtungen nach der Methode der kleinsten Quadrate angewendet. Es wird, nachdem mit Benutzung von zwei gegebenen Punkten (z. B. H und 1) die sogenannten „genäherten" Koordinaten nach § 10 gefunden sind, für jede der beobachteten Richtungen eine Gleichung aufgestellt, welche die Beziehung zwischen den den Beobachtungen und diesen genäherten Koordinaten des Punktes 5 zuzulegenden Verbesserungen ausdrückt; daraus bildet sich ein weiteres Gleichungssystem, aus welchem die den genäherten Koordinaten beizulegenden Verbesserungen sich so bestimmen, dass die Aenderungen, welche die beobachteten Richtungen erleiden, um diesen endgültigen „ausgeglichenen" Koordinaten widerspruchsfrei zu genügen, in ihrer Quadratsumme ein Minimum werden.

In ähnlicher Weise wird verfahren, wenn zur Bestimmung eines Neupunktes nur auf diesem Richtungen nach gegebenen Punkten beobachtet sind, wie z. B. auf Punkt 6 in Figur 55, woselbst die Richtungen nach den Punkten 1, 3, G, 4 gemessen sind. Es ist dies der Fall des Rückwärtseinschneidens, wobei die „genäherten" Koordinaten aus drei gegebenen Punkten nach §§ 8 und 10 berechnet werden.

Liegen zur Bestimmung der unbekannten Punkte

Beobachtungen sowohl auf diesen wie auf den gegebenen Punkten vor, so hat man den Fall des allgemeinen Einschneidens, wobei für die Ausgleichung für beide Arten von bestimmenden Richtungen die Gleichungen anzusetzen sind. Dieses vollständige Einschneiden bildet die Regel besonders für alle wichtigeren Punkte, z. B. 1, 2, 3, 4 in Figur 55, während das vereinzelte Vorwärts- bezw. Rückwärtseinschneiden nur zur Bestimmung untergeordneter Punkte dient.

Bei Anwendung dieses Koordinatenausgleichungsverfahrens auf ein Füllnetz der Haupttriangulierung werden für das ganze Punktsystem alle Gleichungen einheitlich angesetzt, und die allen Koordinaten bezw. den Richtungssystemen beizulegenden Verbesserungen entsprechend der Bedingung der Methode der kleinsten Quadrate einheitlich abgeleitet. Wegen der mit der Punktzahl stark wachsenden Rechenarbeit werden bei der Triangulierung II. Ordnung in der Regel nur einzelne Punktgruppen (2—4 Punkte) oder nur je ein Punkt berechnet, wie das bei der Triangulierung III. und IV. Ordnung die Regel bildet, so dass die einzelnen Punkte einander stufenweise folgen, z. B. in der Reihenfolge der Numerierung in Figur 55.

Um diese umfangreichen Rechnungen möglichst übersichtlich zu gestalten, wendet die preussische Landesaufnahme ein ihr eigentümliches Verfahren an, wobei für das ganze Staatsgebiet ein ebenes rechtwinkliges Koordinatensystem eingeführt ist, dessen x-Axe parallel zu dem Hauptmeridian 31° ost Ferro läuft und dessen Nullpunkt die Polhöhe 52° 42′ 2,5325″ hat. — Auf diese ebene Fläche werden die trigonometrischen Punkte,

Richtungen und Seiten von dem Ellipsoid nach einem von Gauss 1825 entwickelten und von Schreiber fortgebildeten Verfahren („konforme Projektion“) übertragen und zwar durch Vermittlung einer sich dem Ellipsoid anschmiegenden Hilfskugel, indem zunächst die Uebertragung auf diese und von dieser auf die Ebene erfolgt.

Nach der Ausführung der beschriebenen Ausgleichung wird dann die Uebertragung rückwärts vorgenommen, so dass dann mit den ausgeglichenen Werten, wie in § 31 erläutert, auf dem Ellipsoid die geographischen Koordinaten $\varphi, \lambda$ berechnet werden können.

Da durch die Ergebnisse der Haupttriangulierung die Einzelbestimmungen der untergeordneten Triangulierungen auf enge Gebiete (z. B. 1 oder 2 Dreiecke des Hauptnetzes, vergl. Fig. 54, 55) beschränkt sind, so kann sowohl bei der Beobachtung als bei der Berechnung an Schärfe nachgelassen werden, z. B. werden bei der Triangulierung II. Ordnung etwas kleinere Mikroskoptheodolite (21 cm Kreisdurchmesser) angewendet und eine geringere Anzahl von Beobachtungen für eine Richtung ausgeführt. Auch werden nur ausnahmsweise Heliotrope verwendet, sondern in der Regel die Spitzen der Kirchtürme und der Signalpyramiden, das sind vierseitige, aus 4 starken Stangen hergestellte Pyramiden, deren oberer Teil durch Bretter umkleidet ist, direkt angezielt. Zu den Beobachtungen der III. und IV. Ordnung dienen kleine Mikroskoptheodolite (15 cm) bei entsprechender Vereinfachung in Messung und Rechnung.

Das Ergebnis der gesamten Landestriangulierung ist schliesslich ein über das ganze Staatsgebiet ausgedehntes, durch exakte Vermarkung dauerhaft bezeichnetes System von trigonometrischen Punkten, so dass auf 100 Quadratkilometer rund 20 Punkte entfallen. Die Lage dieser Punkte ist auf dem Bessel'schen Ellipsoide in geographischen Koordinaten $\varphi\lambda$ ausgedrückt und jeder Punktort auf einige Centimeter, mindestens innerhalb des Decimeters, genau bestimmt.

Damit ist die Unterlage für alle weiteren speciellen Messungen gegeben.

## § 35. Die Landespräcisionsnivellierung und trigonometrische Höhenbestimmung.

Die Landesnivellierung hat neben ihrer Aufgabe, allen Höhenbestimmungen der Landesvermessung als Unterlage zu dienen, auch noch denjenigen Anforderungen zu genügen, welche die besonderen Untersuchungen der Erdmessung stellen (vergl. § 47). Es muss daher die Hauptnivellierung, ebenso wie die Haupttriangulierung, mit aller nur erreichbaren Schärfe erfolgen, wobei wieder unterschieden werden das Haupthöhennetz und die untergeordneten Höhenbestimmungen.

Das Haupthöhennetz ist ein über das ganze Staatsgebiet ausgedehntes System von Höhenfestpunkten, deren Höhen über dem Landeshorizont (NN) (vergl. Seite 118) bestimmt sind. Dementsprechend besteht dieses Netz aus einem System von Nivellierzügen (§ 26), welche, Landstrassen und Eisenbahnen folgend, das ganze Land derart überziehen, dass eine grosse Anzahl von geschlossenen Schleifen (Polygonen) entsteht, deren Umfang durchschnittlich etwa 300—400 km beträgt. Figur 56 stellt einen Teil dieser Züge im Rheinland dar. An diese Linien schliessen sich Züge an, welche nach den Festpunkten benachbarter Staaten führen (in der Figur punktiert), nach den Küstenstationen, an denen Wasserstandsmesser (vergl. § 47) aufgestellt sind, und ferner

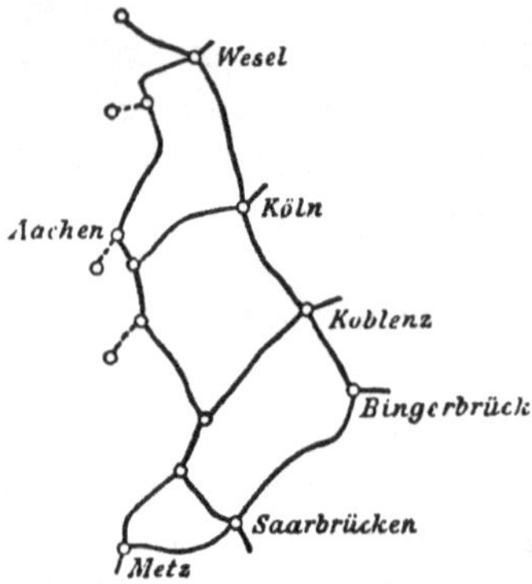


Figur 56.

untergeordnete Züge, welche zur Bestimmung der in der Nähe dieser Linien geeignet gelegenen Dreieckspunkte dienen (sog. Signalnivellement), als Unterlage für die weiteren Bestimmungen durch trigonometrische Höhenmessung. — In den Knotenpunkten dieses Netzes von Nivellierzügen, sowie innerhalb der Züge in Abständen von rund 2 km, sind dauerhafte Höhenfestpunkte angebracht. Dieselben sind entweder bezeichnet durch an den Landstrassen stehende sogenannte „Nivellementspfeiler“, das sind Granitsäulen mit eingelassenem eisernen Bolzen mit rundem Kopf, deren oberste Berührungsfläche den Höhenpunkt angiebt, oder als „Haupthöhenmarken“ grössere Bolzen, welche in Abständen von etwa 10 km in Ortschaften an festen öffentlichen Gebäuden (Kirchen) angebracht sind, und zwischen diesen sogenannte „Mauerbolzen“ etwa in der Mitte, also in 5 km Abstand von ihnen.

Das zur gegenseitigen Bestimmung der Höhen dieser Festpunkte dienende Nivellierverfahren ist die in § 26 erläuterte Zugnivellierung, wobei die dort erwähnten Präcisionsinstrumente und Latten Verwendung finden. Aus den gemessenen Höhenunterschieden zwischen den einzelnen Festpunkten werden diejenigen der einzelnen Züge zwischen den Knotenpunkten des Hauptnetzes zusammengestellt und danach eine Ausgleichung nach der Methode der kleinsten Quadrate vorgenommen, wobei ähnlich wie in § 29 für die Triangulierung angegeben, die aus dem Netz und den Anschlüssen sich ergebenden Bedingungen massgebend sind.

Das Ergebnis der Rechnung ist ein Verzeichnis der Höhen für alle Festpunkte, bestimmt über dem Landeshorizont, d. h. gegen den Normalhöhenpunkt in Berlin (§ 33). Die Genauigkeit der Bestimmungen wird nach § 26 im mittleren Höhenfehler für 1 km Punktabstand ausgedrückt und beträgt für das gesamte preussische Höhennetz nach der Ausgleichung im Netz rund $\pm$ 2 mm, für die neueren Arbeiten nach einer verfeinerten Methode bleibt der direkte Messungsfehler unter $\pm$ 1 mm (rund $\pm$ $^1/_2$ mm).

## Die trigonometrischen Höhenbestimmungen.

Zur Bestimmung der nicht durch direkte Nivellierung gewonnenen Höhen der Dreieckspunkte, werden im Zusammenhang mit der in § 34 Seite 123 behandelten Kleintriangulierung III. und IV. Ordnung mit kleinen Universalinstrumenten (vergl. § 17) die Höhenrichtungen nach § 19 gemessen, so dass daraus, wie in § 20 erläutert ist, die Höhenbestimmung erfolgen kann. Die besten Bestimmungen werden erhalten durch gegenseitige Zenitdistanzen, aus denen der Refraktionskoeffizient abgeleitet werden kann. Bei vielen Punkten aber, z. B. bei den Kirchtürmen, deren Knopfmitte den Höhepunkt bezeichnet, muss man sich mit einseitigen Zenitwinkeln begnügen. Als Zielpunkte dienen die Unterkanten der Bretterumkleidungen bei den vierseitigen Pyramidensignalen, oder die über den Signalen hervorragenden Zieltafeln, wobei dann natürlich die jeweilige Höhe des Zielpunktes über dem Festpunkte $l_z$, sowie die Höhe i der Instrumentaxe über dem Aufstellungspunkte in Rechnung zu bringen ist, also nach § 20 anzusetzen ist

$$h_2 = h_1 + i - l_z + s \operatorname{tg} \alpha + \frac{s^2}{2R}(1-k).$$

Die Berechnung beginnt auf den durch Nivellierung gegebenen Punkten und schreitet stufenweise fort. Die Genauigkeit der abgeleiteten Höhen beträgt je nach den Entfernungen und den Beobachtungsumständen etwa $\pm \frac{1}{2}$—2 dm. Diese Sicherheit ist für die topographische Aufnahme (folgender § 36) ausreichend, aber nicht für den Anschluss specieller Höhenmessungen, welche stets auf die Festpunkte des Nivellementsnetzes bezogen werden müssen.

## § 36. Die topographische Aufnahme.

Die generelle topographische Vermessung, welche zur Herstellung der topographischen Karten erforderlich ist, erfolgt im Anschluss an die Landestriangulierung und -Nivellierung nach dem im § 25 bezw. 22 erläuterten tachymetrischen Messtischverfahren. — Zur Durchführung derselben ist das ganze Staatsgebiet auf Grund der Gradeinteilung des Bessel'schen Ellipsoides in Abschnitte zerlegt, welche von je zwei aufeinanderfolgenden Breiten- und Längengraden umschlossen sind; man nennt einen solchen Ellipsoidoberflächenteil eine „Gradabteilung"; die entsprechende Kartenprojektion wird als „preussische Polyederprojektion" bezeichnet (vergl. Göschen No. 30). Jede Gradabteilung wird nach der Polhöhe in 10, nach der Länge in 6 Teile zerlegt, so dass 60 Blätter entstehen, welche im Massstab 1:25000 je ein „M e s s t i s c h b l a t t" bilden und rund 11 km und 12 km Seitenlänge haben, so dass diese kleinen Ellipsoidflächenteile ohne weiteres als ebene Flächen angesehen werden können. Es sind im ganzen 3699 Messtischblätter zu bearbeiten. Jedes derselben trägt seine Nummer und den Namen des grössten auf demselben liegenden Ortes.

Als Vorbereitung für die Feldarbeit werden auf den mit dem Zeichenbogen überspannten Messtischplatten die durch die Gradabteilung bestimmten Randlinien und das Minutennetz, sowie die geographischen Koordinaten der auf das betreffende Blatt entfallenden Dreieckspunkte und die Höhenfestpunkte aufgetragen.

Danach kann die Messtischaufnahme nach § 25 erfolgen. Zunächst werden als Unterlage weitere Festpunkte durch Vorwärts- und Rückwärts-Einschneiden (graphische Kleintriangulierung) bestimmt. Von den gegebenen und den auf diese Weise neugewonnenen

Messtischstandpunkten (Stationen) aus wird dann die Geländeaufnahme vorgenommen; es werden die Richtungslinien gezogen, mit der tachymetrischen Kippregel an der Distanzlatte nach § 22 die Entfernungen abgelesen, und aus den am Höhenkreis abgelesenen Höhenwinkeln die Höhen der Geländepunkte nach der Seite 75 angegebenen Formel mit Hilfe von Tabellen berechnet und in die Karte eingetragen. Zur Erleichterung der Aufnahme werden die vorhandenen Specialkarten auf den Massstab 1:25000 reduziert und soweit möglich benutzt. Zur Darstellung der Höhenverhältnisse des Geländes werden auf Grund der gemessenen Höhen „Schichtenlinien" (d. h. Linien gleicher Höhe) im Höhenabstand $2^1/_2$, 5, 10 oder 20 m je nach dem Gelände konstruiert. Wegen der Konstruktion vergl. Göschen No. 30. — Für die Darstellung der Bodenbewachsung und sonstiger topographischer Gegenstände dienen besondere Kartenzeichen (Signaturen); vergl. auch hierzu No. 30. — Die preussischen Messtischblätter werden in Grundriss und Schichtenlinien nur schwarz bearbeitet und durch Lithographie vervielfältigt; ein übersichtlicheres und anschaulicheres Bild geben Blätter, in denen mehrere Farben zur Anwendung kommen: Grundriss schwarz, Gewässer blau, Schichtlinien braun, wie z. B. bei den badischen Messtischblättern.

Die so hergestellte topographische Specialkarte bildet wieder die Unterlage für topographische Uebersichtskarten in 1 : 100000, 1 : 200000 u. s. w. Bei der Herstellung dieser Karten handelt es sich um eine Reduktion verbunden mit Stoffausscheidung und Verallgemeinerung der Einzelheiten für Grundriss, Bodenformen, Signaturen und Schrift. Die plastische Geländedarstellung geschieht in der Regel durch „Bergzeichnung“; vergl. auch hierüber Nr. 30.

Die wichtigste derartige Karte für Deutschland ist die „Karte des Deutschen Reichs“ in 100 000, welche in 674 Blättern als Gradabteilungskarte mit Begrenzung nach 15 Breiten- und 30 Längen-Minuten in Kupferstich bearbeitet ist. Diese Karte, zunächst als eine militärische Operationskarte geschaffen, ist eine einheitliche, wobei die preussische Polyederprojektion und Landestriangulierung die Grundlage der Blatteinteilung geliefert hat. Die einzelnen Bundesstaaten bearbeiten nach besonderen Festsetzungen den auf ihr Gebiet entfallenden Anteil.

Es bleibt noch zu bemerken, dass bei der topographischen Aufnahme im Hochgebirge neuerdings das in § 24 angedeutete Verfahren der photogrammetrischen Messung mit dem Phototheodoliten zur Anwendung gelangt, sowie in unebenem Gelände neben der tachymetrischen Nivellierung (§ 22) mit der Universalkippregel vielfach mit Erfolg von der „barometrischen Höhenmessung“ mit dem „Federbarometer“ Gebrauch gemacht wird.

## § 37. Die barometrische Höhenmessung.

Die barometrische Höhenmessung beruht auf der bekannten Thatsache (Toricelli, Pascal 1648), dass der Luftdruck mit der Erhebung über der Erdoberfläche abnimmt. Die Beziehung zwischen dem an einem Orte stattfindenden Luftdrucke und seiner Höhe über dem Meeresspiegel, oder zwischen dem Luftdruck- und

Höhenunterschied zweier Punkte, wird ausgedrückt durch die „barometrische Höhenformel“ (Laplace 1799). — Eine vereinfachte Form, welche von Jordan speciell für Mitteleuropa aufgestellt ist, lautet: Es ist der Höhenunterschied $\Delta$ h in Meter für zwei Punkte, an denen Barometerstände B und b in Millimetern abgelesen sind, bei der mittleren Temperatur T der Luft

$$\Delta h = K \lg \frac{B}{b} (1 + \varepsilon T).$$

Darin ist $\varepsilon = 0{,}003\,665$ der Ausdehnungskoeffizient der Luft und K = 18 464 die „barometrische Konstante“ für Mitteleuropa, welche alle für dieses Gebiet als unveränderlich betrachteten Glieder der vollständigen Formel enthält. Hierin ist B = 762 mm als mittlerer am ideellen Meeresspiegel herrschender Luftdruck eingeführt, so dass die Formel und eine danach berechnete Tabelle unmittelbar „Meereshöhen“ liefert, wobei dann nur noch die Veränderlichkeit des Luftdrucks zu berücksichtigen bleibt. Eine Uebersicht für T = 15° giebt folgende Zahlenreihe

| b | 700 | 710 | 720 | 730 | 740 | 750 | 760 mm. |
|---|---|---|---|---|---|---|---|
| h | 718 | 598 | 480 | 363 | 248 | 134 | 22 m. |

Wird der einem bestimmten Luftdruckintervall, z. B. 1 mm, entsprechende Höhenunterschied abgeleitet, so erhält man die sogenannte „Höhenstufe“. Die der oben angeführten Jordan'schen Formel entsprechende Beziehung ist

$$\Delta = \frac{8019}{B} (1 + \varepsilon T).$$

Eine Uebersicht für T = 15° über die einem Millimeter Barometerdifferenz entsprechenden Höhenunterschiede giebt danach die Reihe

| B | 500 | 550 | 600 | 650 | 700 | 750 mm. |
|---|---|---|---|---|---|---|
| $\Delta$ h | 16,9 | 15,4 | 14,1 | 13,0 | 12,1 | 11,3 m. |

Als Messinstrument für den Luftdruck dient bei der praktischen Anwendung des barometrischen Höhenmessverfahrens stets das leicht transportable „Federbarometer“ (Aneroid); das Quecksilberbarometer wird nur in besonderen Fällen angewendet, vornehmlich zur Kontrolle der Federbarometer. Für die Zwecke der Höhenmessung sind besondere Quecksilberbarometer als sogenannte „Reisebarometer“ konstruiert worden.

Den unmittelbaren am Quecksilberbarometer gemachten Ablesungen sind Verbesserungen beizulegen, und zwar die Temperaturkorrektion zur Reduktion der Ausdehnung des Quecksilbers und des Massstabes auf eine Normaltemperatur (0° C), und je nach der Einrichtung des Instrumentes die Korrektion für Kapillardepression der Quecksilberkuppen und für Gefässweite. Die von der Veränderlichkeit der Erdschwere längs der Erdoberfläche (vergl. § 44) herrührende sogenannte „Schwerekorrektion“ bleibt bei Beschränkung auf kleine Gebiete ausser Betracht.

## Das Federbarometer.

Durch Einführung der Federbarometer, welche den Luftdruck durch Federkraft mittelst einer luftleeren Büchse messen, zuerst 1847 von Vidie versucht, ist die allgemeine Anwendung der barometrischen

Höhenmessung erst ermöglicht worden. Die für Höhenmessungen gebräuchlichste Form ist durch die schematische Figur 57 veranschaulicht. Der wesentlichste Teil ist eine nahezu luftleer gepumpte, luftdicht verschlossene Büchse B, gebildet durch zwei federhart gewalzte, dünne Wellblechplatten, welche auf einem kräftigen

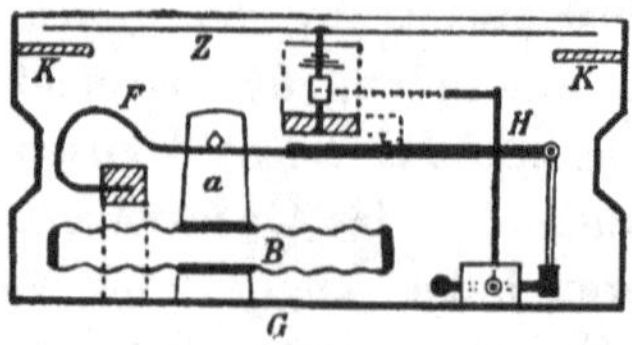


**Figur 57.**

Ring aufgelötet sind. Die Büchse ruht auf einer Grundplatte G und trägt einen Zapfen a, an dem eine starke Feder F angreift, welche den Luftdruck balanciert. Bei Aenderung desselben erfährt durch die elastischen Biegungen des Federsystems der Zapfen a eine Bewegung, welche durch das skizzierte Hebelwerk H in entsprechender Vergrösserung auf einen Zeiger Z übertragen und dadurch auf einem Kreise K ablesbar gemacht ist. Die Teilung desselben ist so eingerichtet, dass unmittelbar der einer Quecksilberbarometerablesung in Millimeter entsprechende Barometerstand zum Ausdruck kommt. Es sind jedoch den unmittelbaren Ablesungen mehrere Verbesserungen beizulegen:

1. Die „Teilungsverbesserung“, welche die Beziehung der Teilungseinheit des Ablesekreises zu derjenigen des Quecksilberbarometers ausdrückt.

2. „Die Temperaturverbesserung“, das ist die der Wärmeeinwirkung auf die elastische Kraft

des Federsystems, die Spannkraft der in der Büchse noch enthaltenen verdünnten Luft und den sonstigen thermischen Ausdehnungen entsprechende Verbesserung. Es ist hierzu ein „inneres" die Temperatur des Instrumentes angebendes Thermometer erforderlich. Zuweilen sind die Instrumente auch gegen Temperatureinfluss mehr oder weniger „kompensiert".

3. Die nach Beilegung dieser beiden Verbesserungen gegen eine gleichzeitige reduzierte Quecksilberbarometerablesung noch übrig bleibende Abweichung, die sogenannte „Standverbesserung".

Auf der exakten Bestimmung dieser Verbesserungen, welche für jedes Instrument eine besondere Fehlertabelle liefert, beruht der Wert des Federbarometers für die Höhenmessung. Zur Ausführung dieser Bestimmung sind besondere Einrichtungen erforderlich. Nicht geprüfte Instrumente sind unbrauchbar oder können höchstens für touristische Zwecke in Betracht kommen. Die Prüfung der Federbarometer muss von Zeit zu Zeit wiederholt werden. Auf längeren Reisen wird hierzu ein Normalquecksilberbarometer mitgeführt, oder auch ein „Siedebaromter" verwendet. Das Prinzip des letzteren ist folgendes. Die Siedetemperatur des Wassers (zur Elimination von Nebenumständen im Dampfraum gemessen) ist eine Funktion des Luftdrucks und damit der Höhe, wie folgende Zahlen veranschaulichen.

| Siedetemperatur | 90° | 92° | 94° | 96° | 98° | 100° |
|---|---|---|---|---|---|---|
| Luftdruck | 525,5 | 566,7 | 610,6 | 657,4 | 707,1 | 760 mm |
| Normale Höhe | 3120 | 2485 | 1850 | 1225 | 610 | 0 m |

Die einer Aenderung der Siedetemperatur um 0,1° entsprechende Barometerstandänderung ist demnach in der Höhe des Meeresspiegels 2,7 mm, bei 1000 m Höhe 2,5 mm u. s. w. Das zu dieser Messung dienende Instrument besteht aus einem Siedeapparat, zerfallend in Siederaum und Dampfraum, mit darunter angebrachter Spirituslampe, und einem oder mehreren „Siedethermometern“, das sind feine, sorgfältig geprüfte Thermometer von etwa 80° bis 101° reichend.

### Die Ausführung der barometrischen Höhenmessung.

Soll der Höhenunterschied von zwei Punkten ermittelt werden, so sind in den beiden Punkten die Barometerstände und die mittlere Lufttemperatur zu bestimmen. Diese letztere wird an einem an einer Schnur befestigten Thermometer abgelesen, nachdem dasselbe einigemal herumgeschwenkt worden ist („Schleuderthermometer“). Den Barometerablesungen werden sodann die vorerwähnten Verbesserungen zugelegt, wozu auch die innere Temperatur des Instrumentes abzulesen ist; mit den verbesserten Barometerständen ergiebt sich dann nach den auf Seite 134 angegebenen Formeln für die Meereshöhen oder die Höhenstufe, oder vielmehr den ihnen entsprechenden Tabellen, der gesuchte Höhenunterschied bezw. die Höhen. Diese Besimmung ist aber nur dann richtig, wenn die Barometerstände in demselbem Augenblick gemessen sind, oder wenn während der nacheinanderfolgenden Messungen der Luftdruck im Aufnahmegebiet unverändert geblieben ist. Da nun aber der Luftdruck fortwährenden Schwankungen unterworfen ist, so muss auf diesen Umstand Rücksicht genommen werden. Dies geschieht entweder durch Rückkehr auf dieselben Punkte (Aufnahme in Schleifen), oder durch Verwendung eines zweiten Barometers, welches an einem bestimmten Punkte im Aufnahmegebiet unverändert stehen bleibt („Standbarometer"), an dem fortlaufend Ablesungen genommen werden, auf welche dann diejenigen des „Feldbarometers" der Zeit nach bezogen werden. Es ist daher an jedem Höhenpunkte auch die Zeit der Ablesung zu notieren.

Bei der technischen Verwendung der barometrischen Höhenmessung bildet die Grundlage stets ein durch exakte geometrische Höhenmessung (§§ 22 und 26) geschaffenes Festpunktsystem, so dass es sich um eine „barometrische Einschaltung" auf dieses System handelt. Bei sorgfältigem Verfahren lassen sich mit gut geprüften Instrumenten hierbei die Höhenpunkte auf etwa 1—2 m genau bestimmen. (0,1 mm Barometerstandänderung entspricht rund 1 m Höhenänderung.)

## § 38. Die specielle geometrische Vermessung. (Das Kataster.)

Wie auf Seite 117 angegeben, kommt die exakte geometrische Specialvermessung des Staatsgebietes als sogenannte „Katastervermessung" zur Ausführung. — Das Kataster (vermutlich aus capitum registrum, Verzeichnis von Einschätzungseinheiten) soll auf Grund dieser Specialvermessung für jedes einzelne Grundstück die Lage und Begrenzung zweifellos angeben und ausserdem eine vollständige Beschreibung desselben unter

Angabe des Eigentümers, der Oertlichkeit (Gemarkung, Flur), der Bodenbenutzung (Kulturart), der Flächengrösse, der Bodeneinschätzung und des danach berechneten Reinertrages liefern. Das Kataster mit seiner Specialkarte, der „Katasterkarte", und den die genannten Angaben nachweisenden Büchern, dem „Flurbuch", der „Mutterrolle" u. s. w., bildet einerseits die Unterlage für die Aufstellung des die rechtlichen Verhältnisse darlegenden „Grundbuches", sowie für die Grundsteuerveranlagung, und andererseits für die mannigfachen Anforderungen der Landeskultur und sonstige öffentliche Zwecke, wie die Neuanlage von Eisenbahnen, Strassen, Kanälen etc.

Die Ausführung der Vermessung erfolgt im Anschluss an die politische Landeseinteilung nach „Gemarkungen" (Gemeindebezirken), deren Unterabteilungen passend begrenzte Geländeabschnitte, sogenannte „Fluren", sind, welche ihrerseits wieder durch die Summe der zugehörigen Eigentumsstücke, der flurweise fortlaufend bezifferten „Parzellen" gebildet werden.

Die Unterlage für die Beschaffung dieses speciellen, über den ganzen Staat im Zusammenhang sich erstreckenden Vermessungswerkes ist die Landestriangulierung (§ 34).

## § 39. Rechtwinklige geodätische Koordinaten.

Da, wie Seite 127 dargestellt, die Punktorte der Landestriangulierung in geographischen Koordinaten $\varphi\lambda$ ausgedrückt sind, so sind diese in Winkelmass gegebenen Werte wohl unmittelbar verwendbar für die Eintragung in die nach geographischen Netzlinien eingeteilten Messtischblätter der topographischen Aufnahme, Seite 131, dagegen ungeeignet für die stets mit Linien rechnende exakte Kleinmessung. Zur Herstellung einer bequemen Beziehung zwischen den auf das Ellipsoid bezogenen geographischen Koordinaten und den linearen Rechnungen der Kleinmessung dienen lineare Koordinatensysteme auf der mathematischen Erdoberfläche, welche sich unmittelbar aus den schon in § 10 behandelten rechtwinkligen ebenen Koordinaten ableiten lassen. Sie sind zuerst von Soldner bei der zu Anfang des 19. Jahrhunderts in Angriff genommenen bayrischen Landesvermessung rationell verwendet worden.

Als Abscissenaxe (Fig. 58) wird irgend ein passender Meridian genommen und in dem darauf gewählten Anfangspunkte O rechtwinklig hierzu als Ordinatenaxe Y ein Querbogen gelegt. Die Abscissen der Punkte 1 und 2 sind die ellipsoidischen Meridianbögen $x_1$ und $x_2$ gerechnet vom Nullpunkt O bis zu dem Fusspunkte der Ordinaten $y_1$ und $y_2$, welche durch die rechtwinklig auf X stehenden Querschnittbögen gebildet werden. Der Erdbogen $1-2 = s$ ist die Entfernung der Punkte, die in der Figur punktierten Linien die Parallelen zu X (Meridianparallelen), von denen aus die Richtungswinkel $n_1$ und $n_2$ gezählt werden.

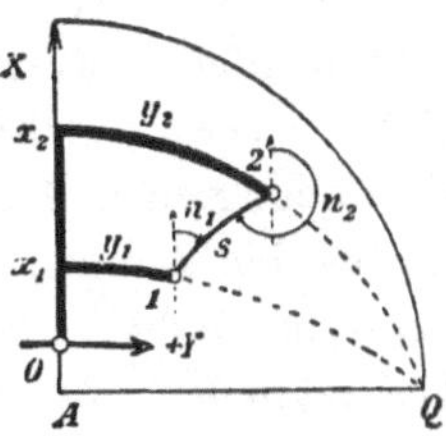

Figur 58.

Die Beziehungen zwischen diesen Grössen lassen sich aus dem Dreieck 1—2—Q durch Reihenentwicklung so gestalten, dass die den Formeln Seite 25 für das ebene System entsprechenden Gleichungen dieselbe Grundform wie diese erhalten, wozu nur noch kleine Zusatzglieder hinzutreten, wie die folgenden Formeln für die Koordinatenunterschiede veranschaulichen mögen:

$$\varDelta y = y_2 - y_1 = s \sin n_1 - \frac{y_1 \varDelta x^2}{2 R^2} - \frac{\varDelta y \varDelta x^2}{6 R^2},$$

$$\varDelta x = x_2 - x_1 = s \cos n_1 + \frac{y_2^2 \varDelta x}{2 R^2} - \frac{\varDelta y^2 \varDelta x}{6 R^2}.$$

Hierin ist R der mittlere Erdkrümmungsradius nach § 30, Seite 107.

Sobald diese Zusatzglieder, welche im allgemeinen mit dem Abstand der Punkte von der X-Axe wachsen, so klein werden, dass die aus ihrer Vernachlässigung entstehenden Verzerrungen der wirklichen Winkel und Linien ausser Betracht bleiben können, hat man, praktisch genommen, das ebene System. Um diesen Vorteil für die bei den Specialmessungen vorkommenden kurzen Punktabstände bezw. Linien auszunutzen, d. h. diese Zusatzglieder für die eigentliche Kleinmessung ohne weiteres weglassen zu können, wird die Ausdehnung der Systeme in der Ordinatenrichtung in bestimmten Grenzen gehalten. Z. B. in Preussen ist als Grenze für diese Ausdehnung 60 km gegeben, wobei 40 Systeme angeordnet sind, deren Geltungsbereiche sich annähernd mit den Grenzen der Regierungsbezirke decken. Die Nullpunkte der Systeme fallen mit Dreieckspunkten der Haupttriangulierung zusammen, so dass dadurch die Systeme auf dem Bessel'schen Ellipsoid orientiert sind.

Analoge Gleichungen hat Gauss (vergl. § 34 Seite 126) entwickelt, wobei die Winkelverzerrung vermieden und die Streckenverzerrung nach allen Richtungen gleich ist; man nennt diese Koordinaten Gauss'sche oder konforme rechtwinklige Koordinaten.

Die Beziehung zwischen rechtwinkligen sphäroidischen Linienkoordinaten x y und den geographischen Winkelkoordinaten $\varphi\lambda$ ergiebt sich durch Umwandlung der meridionalen Abscissenbögen und durch Berechnung aus den durch die Meridiane des Nullpunktes und des betreffenden Messungspunktes (z. B. 1) bestimmten Dreiecken. Zur Veranschaulichung mögen die folgenden Formeln für x und y dienen:

$$x = \frac{\varphi - \varphi_0}{\varrho} R_1 + \frac{\Delta \lambda^2 R_2}{2\varrho^2} \sin\varphi \cos\varphi,$$

$$y = \frac{\Delta \lambda R_2}{\varrho} \cos\varphi - \frac{\Delta \lambda^3 R_2}{6\varrho^3} \sin^2\varphi \cos\varphi.$$

Darin sind $R_1$ und $R_2$ die Seite 106 erläuterten Erdkrümmungshalbmesser.

Nach diesen Gleichungen und den entsprechenden Umkehrungen für die Berechnung von $\varphi\lambda$ aus x y können also aus geographischen Koordinaten rechtwinklige und umgekehrt aus diesen jene berechnet werden. Ebenso können, da die Systeme durch die Landestriangulierung miteinander in Beziehung stehen, die Koordinaten des einen Systems in die des anderen verwandelt werden.

Die in den zugehörigen Koordinatensystemen auf dem angedeuteten Wege aus den geographischen Koordinaten der Landestriangulierung berechneten rechtwinkligen Koordinaten x y bilden nunmehr die Unterlage für alle weiteren Specialarbeiten, zunächst für die Triangulierung.

## § 40. Die Specialvermessung.

Die Kleintriangulierung ist eine Fortsetzung der übergeordneten Systeme der Landestriangulierung, wobei die Punktabstände derselben, welche für die III. und IV. Ordnung, vergl. Seite 123, etwa $3^1/_2$ km betragen durch stufenweise Einschaltungen je nach der Oertlichkeit auf 1 km bis $^1/_2$ km und weniger herabgebracht werden, so dass ein dichtes Netz von Punkten als zuverlässige, bequem zugängliche Unterlage für alle weiteren Arbeiten vorliegt. Das Verfahren der Punktbestimmung ist die in § 34 erläuterte Methode des „Einschneidens", wobei Koordinatenausgleichung im rechtwinkligen Koordinatensystem nach der Methode der kleinsten Quadrate stattfindet. Die Winkelmessung vergl. § 18, erfolgt mit Theodoliten mittlerer Grösse in der Regel mit Nonienablesung; zur Sichtbarmachung der Zielpunkte dienen lotrecht über den Festlegungssteinen aufgerichtete Signalstangen oder auch, besonders bei grösseren Entfernungen, vierseitige Signalpyramiden. Die Punktorte werden bis auf einige Centimeter, stets innerhalb 1 dm, genau bestimmt, so dass sie gegenüber den untergeordneten Messungen als fehlerfrei betrachtet werden können.

### Die Polygonisierung.

Nach der erstmaligen Einführung der Basis in die Haupttriangulierung (vergl. §§ 29 und 34) sind von dieser abwärts bis zur Kleintriangulierung alle Punktbestimmungen lediglich durch Winkelmessung mit dem Theodoliten erfolgt. Als Bindeglied zwischen diesen trigonometrischen Bestimmungen und der unmittelbar durch Linienmessung erfolgenden Einzelaufnahme dient ein Netz von gebrochenen Linienzügen, den Polygonzügen, in denen Linien- und Winkelmessung verbunden wird, indem in den Brechpunkten (Polygonpunkten) die Winkel mit dem Theodoliten (kleine Instrumente mit Nonienablesung) und die Linien (Strecken, Polygonseiten) unmittelbar mit Längenmesswerkzeugen (§ 41) gemessen werden. Die Berechnung der Koordinaten erfolgt in diesen Zügen in geeigneter Stufenfolge, indem zunächst die Züge zwischen Dreieckspunkten und dann nach und nach die untergeordneten Züge behandelt werden, wie die Bezifferung in Figur 59, welche einen Teil eines solchen Polygonnetzes darstellt, erkennen lässt. Die Formeln für die Ableitung der Richtungswinkel aus den Polygonwinkeln und der Koordinatenunterschiede von Punkt zu Punkt sind schon an Figur 17 auf Seite 24 aufgestellt worden. In Figur 59 sind die Anschlussrichtungen bei Zug 1 zwischen A und E, $R_a$ und $R_e$, eingezeichnet worden. Die sich bei der Berechnung zeigenden Anschlusswidersprüche dürfen gewisse Grenzen nicht übersteigen und werden nach bestimmten Regeln verteilt. Die so in rechtwinkligen Koordinaten ausgedrückten Punktorte sind innerhalb der Züge auf einige Centimeter, häufig innerhalb 1cm, genau

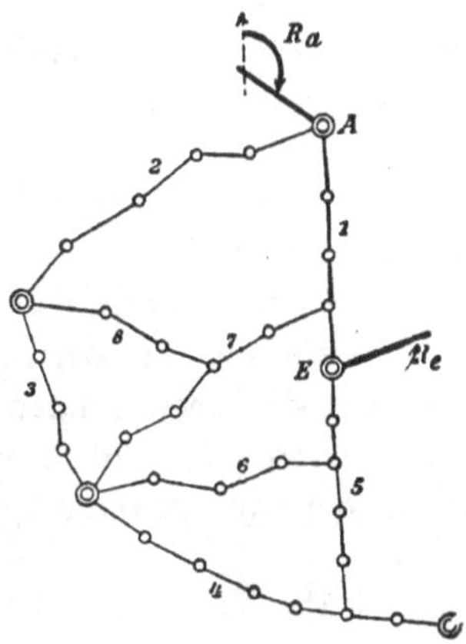

Figur 59.

bestimmt. Zu erwähnen bleibt, dass im Falle die Dreieckspunkte durch Kirchtürme (z. B. in Ortschaften) gebildet werden, die Züge indirekt durch Vermittlung passend gewählter Hilfsdreiecke, wie z. B. an Figur 13 und 14, § 7 erläutert ist, angeschlossen werden. — Die Polygonseiten zwischen den Festpunkten, welche durch Steine oder in ähnlicher Weise dauernd vermarkt werden, haben je nach den Verhältnissen eine Länge von 50 m bis etwa 200 m, selten mehr. Die Züge folgen den durch das Gelände gegebenen Linien, Wegen Grenzzügen etc., so dass hierdurch für die Einzelaufnahme ein enger, exakt bestimmter Rahmen als Unterlage geschaffen ist.

Erwähnt sei noch, dsss diese Methode der Theodolit-Polygonisierung zu Anfang des 19. Jahrhunderts bei den Katastervermessungen in den Rheinlanden zuerst eingeführt wurde und heute bei allen exakten Kleinmessungen zur Anwendung kommt.

## § 41. Die Einzelaufnahme (Kleinmessung).

Die Aufnahme der Einzelheiten, der Grenzen, Wege, Gebäude u. s. w., geschieht durch unmittelbare Linienmessung, wobei diese gemessenen Linien, die „Messungslinien“, direkt über die aufzunehmenden Punkte oder in unmittelbarer Nähe daran vorbei geführt werden, so dass ihre Lage durch kurze Abstände gegen die Linien bestimmt werden kann. Als Grundlage ist daher erforderlich ein auf das Polygonnetz gegründetes System von Messungslinien, das „Liniennetz“, welches nnerhalb eines feststehenden Polygonrahmens aus stufenweise aufeinander gegründeten und eingeschalteten Linien

(Haupt- und Nebenlinien) besteht, wie Figur 60 zeigt. Die Messungspunkte, in welchen eine untergeordnete Linie in der übergeordneten eingemessen („eingebunden") ist, nennt man „Bindepunkte" oder „Kleinpunkte"; bei der preussischen Katastervermessung werden sie durch versenkte Thonrohre (Drainrohre) vermarkt. Für diese „Kleinpunkte" werden im Anschluss an die trigonometrischen und polygonometrischen Punkte rechtwinklige Koordinaten berechnet. Ist z. B. eine Linie zwischen den Punkten A ($y_a$ $x_a$) und E ($y_e$ $x_e$) gemessen mit den Zwischenpunkten 1, 2, 3 ... in den Abständen $s_1$ $s_2$ $s_3$ ..., so ist

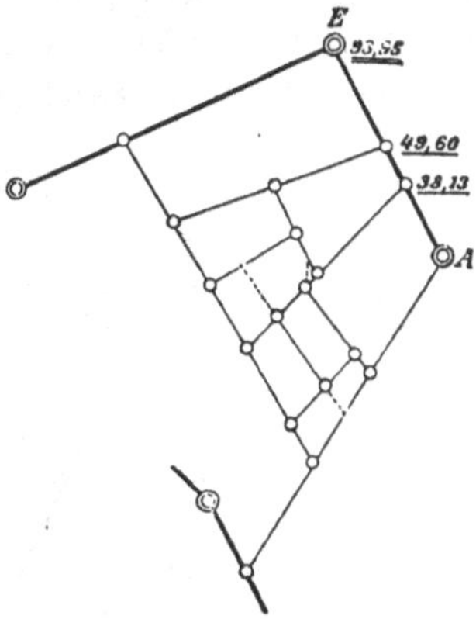


Figur 60.

$$y_1 = y_a + s_1 \frac{y_e - y_a}{[s]}; \quad y_2 = y_1 + s_2 \frac{y_e - y_a}{[s]} \quad \text{u. s. w.,}$$

$$x_1 = x_a + s_1 \frac{x_e - x_a}{[s]}; \quad x_2 = x_1 + s_2 \frac{x_e - x_a}{[s]} \quad \text{u. s. w.,}$$

worin $[s] = s_1 + s_2 + s_3 + \ldots$ die Summe der gemessenen Streckenunterschiede von A bis E bedeutet; hierbei erfolgt gleichzeitig die Verteilung des Abschlussfehlers zwischen der gemessenen Linie und der durch die Koordinaten der Endpunkte A und E bestimmten Länge, so dass also bis zur letzten Linie herab eine rationelle Fehlerausgleichung stattfindet. Für den Abschlussfehler sind bestimmte Grenzen festgesetzt, die er nicht überschreiten darf, z. B. für [s] = 100 m : 2 dm, 200 m : 3 dm

u. s. w. — Die richtige Lage jeder Linie wird durch besondere Probemessungen versichert.

Auf das so gewonnene exakt in Koordinaten x y ausgedrückte Liniennetz werden die aufzumessenden Punkte (Grenzsteine, Gebäudeecken u. s. w.) bezogen, wie Figur 61 zeigt. In der Regel findet „Koordinatenaufmessung“ statt, wobei, wie die mit Zahlen versehene Linie veranschaulicht, die Geländepunkte mit Hilfe von Winkelinstrumenten (vergl. Seite 150) durch

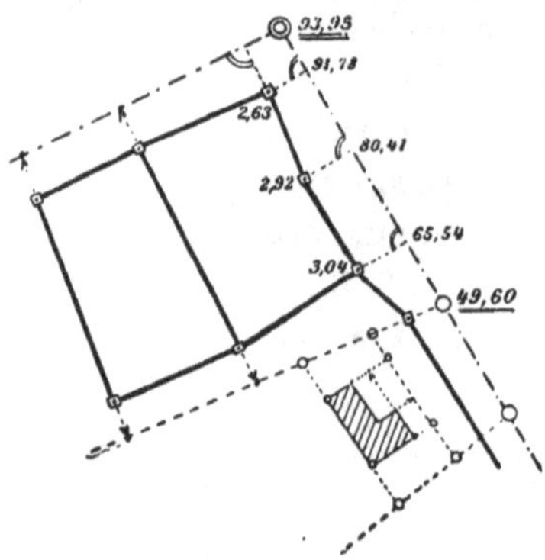

Figur 61.

kurze rechtwinklige Abstände als Ordinaten auf die Messungslinie als Abscissenaxe bezogen werden. Die Messungsergebnisse werden aufgeschrieben in einer annähernd massstäblich geführten Handzeichnung, dem sogenannten „Handriss“, in welchem also die gesamte Messung zahlenmässig enthalten ist. Sie bilden demnach als Unterlagen für alle weiteren Arbeiten die wichtigsten Vermessungsdokumente der Kleinmessung.

## Die Ausführung der Messung.

Die zu messenden Linien werden durch lotrechte „Fluchtstäbe“ (Baken), das sind runde mit stählernen Spitzen versehene Holzstäbe von etwa 2 m Länge „ausgerichtet“, das heisst durch eine Anzahl genau in der Richtungsebene des Anfangs- und Endpunktes stehende Stäbe im Felde bezeichnet.

Zur Längenmessung dienen „Messlatten“ oder „Messbänder“. — „Messlatten“ sind Massstäbe aus Holz in der Regel von 5 m (auch 4 oder 3 m) Länge, welche durch farbigen Anstrich in Meter und durch Marken in Decimeter oder Halbdecimeter eingeteilt sind. An den Enden ist die Messlatte mit stählernen Schuhen versehen, welche in glatten Flächen oder Schneiden zum scharfen Aneinanderlegen endigen. Die Mittellinie des Stabes bezeichnet den Masswert, der genau (Fehlergrenze $1^1/_2$ mm für 5 m) dem Nominalwert entsprechen soll. Dies wird durch Vergleichen mit den in § 13, Seite 35 erwähnten Normalmassen auf einem „Lattenvergleichapparat“ festgestellt. — „Messbänder“ sind starke Stahlbänder von 20 m oder 10 m Länge, durch Marken in Decimeter, oder auch in Centimeter eingeteilt; an den Enden sind Ringe befestigt, in welche zum Ausspannen dienende Stäbe eingesetzt werden. An Stelle dieser Bänder wurde früher die „Messkette“ gebraucht, eine aus stählernen Gliedern von bestimmter Länge (z. B. $^1/_2$ m, früher 1 Fuss) bestehende Kette, ebenfalls in Ringen zum Einsetzen von Stäben endigend. Bei der Messung werden in die abgesteckte Linie die Messlatten (es wird stets ein zusammengehöriges Paar verwendet) nacheinander sich berührend horizontal eingelegt oder das Messband horizontal ausgespannt. Die horizontale Lage, sowie die erforderliche Ablotung wird mit Hilfe des Senkels erzielt, bei besonders exakter Lattenmessung mit einer Setzlibelle (§ 14). Anstatt die Messwerkzeuge in die horizontale Lage einzurichten, können dieselben auch in beliebiger Lage auf den Boden gelegt und die Neigungen $\alpha$ gemessen werden, woraus sich dann die horizontale Strecke s aus der geneigten l berechnet nach $s = l \cos \alpha$. Zur Messung der Neigungswinkel $\alpha$ dient in der Regel ein einfacher in Grade geteilter, in einem Gehäuse schwebender Höhenkreis, welcher durch ein Gewicht sich stets so einstellt, dass die Ablesung $0^\circ$ die Horizontale bezeichnet. Zuweilen werden auch mit Libellen versehene Instrumente ähnlicher Einrichtung verwendet.

### Die Instrumente zum Abstecken der rechten Winkel bei der Koordinatenaufnahme.

Die einfachste Form wird erhalten durch zwei sich rechtwinklig kreuzende Ziellinien, hergestellt durch auf einer wagrecht zu stellenden Scheibe angebrachte Zielstifte oder Diopter. Diese Grundform entspricht der „groma“ der römischen Agrimensoren. Das heute als „Winkelkopf“, „Winkeltrommel“ etc. benutzte Instrument ist ein cylinder-, kegel- oder kugelförmiger Kopf (Trommel) aus Messing (etwa 1 dm Durchmesser), in welchem lotrechte, sich rechtwinklig gegenüberstehende Zielspalten die Absehebenen bestimmen. Wird das auf einem Stab befestigte Instrument in die Linie eingerichtet und so gedreht, dass eine Absehebene in die ausgesteckte Linie fällt, so bestimmt die andere Zielebene eine hierzu rechtwinklig stehende.

Als Ersatz dieser zwei Zielungen notwendig machenden Vorrichtung werden jedoch meistens Reflexionsinstrumente benutzt, welche die Absteckung mit einer einzigen Zielung ermöglichen, es sind der „Winkelspiegel" und das „Winkelprisma".

Der „Winkelspiegel" besteht aus zwei kleinen in einem mit Durchblicken versehenen Gehäuse angebrachten Spiegeln S S, welche auf derselben Ebene normal stehend einen Winkel von $\varphi = 45^0$ einschliessen. Das Prinzip ergiebt sich aus Figur 62 oben, worin $\varphi = \alpha + \beta$, $\psi = 2(\alpha + \beta)$, also $\psi = 2\varphi$ ist. Es wird demnach das Auge A ein doppelt reflektiertes Bild P (z. B. Fluchtstab) in der Richtung P¹ erblicken und, indem es dasselbe mit dem über dem Spiegel hinweg direkt angezielten Punkt zur Deckung bringt, bei K einen rechten Winkel $\psi$ abstecken. Der Winkelspiegel ist, nachdem er zuerst durch den englischen Mechaniker Adams um die Mitte des 18. Jahrhunderts in der vorliegenden handlichen Form nach dem Muster des die Winkel $\psi$ messenden Spiegelsextanten (Göschen Nr. 84) konstruiert wurde, allgemein in Gebrauch gekommen.

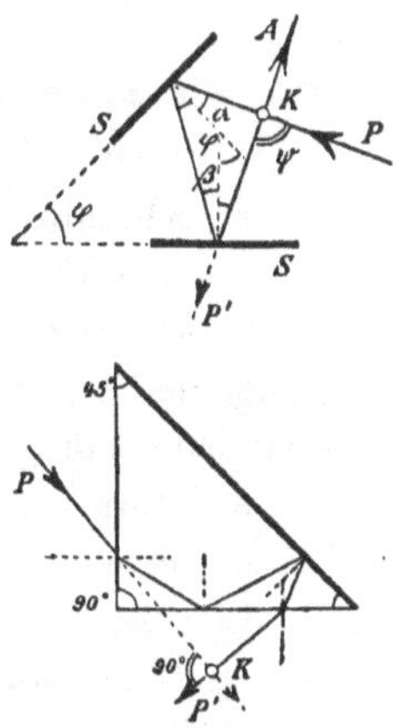

Figur 62.

Das „Winkelprisma" ist ein kleines gleichschenkliges rechtwinkliges Glasprisma, in welchem, wie

Bauernfeind 1851 gefunden hat, nach dem in Figur 62 unten dargestellten Strahlengang der doppelt reflektierte Strahl (an der Kathete infolge von Totalreflexion) bei K mit der direkten Zielung über das Prisma einen rechten Winkel einschliesst, analog wie oben beim Winkelspiegel. Diese doppelt reflektierten Strahlen sind unabhängig vom Einfallswinkel und daher von den einfach reflektierten zu unterscheiden.

## § 42. Die Anfertigung der Specialkarten und die Flächeninhaltsberechnung.

Nach Abschluss der Feldarbeiten, welche gemarkungsweise zur Durchführung gelangen, und der Koordinatenberechnung für die Kleinpunkte erfolgt die Anfertigung der Specialkarte auf Grund des Handrisses. Es wird jede Flur, daher auch die Bezeichnung „Flurkarte", auf einem grossen Bogen aus starkem Zeichenpapier dargestellt. Die Grundlage bildet das „Quadratnetz", das heisst das Netz der rechtwinkligen Koordinaten in 1 dm Maschenabstand (im Massstab 1 : 1000, also von 100 zu 100 m); in dieses werden die Koordinaten der auf das Blatt entfallenden Dreiecks-, Polygon- und Kleinpunkte eingezeichnet, darauf das Liniennetz ausgezogen und nach dem Handriss (z. B. den Zahlen in Figur 61) alle Einzelheiten aufgetragen. Beim Eintragen des nach der Koordinatenmethode Gemessenen dient das „Kartierungsinstrument", das ist ein Metalllineal mit feiner Teilung und Gleitkante, das „Abscissenlineal", und ein an dieser Gleitkante verschieblicher ebenfalls mit Teilung versehener „Ordinatenschieber". Die Karte wird in scharfen Linien gezeichnet, die aufgemessenen Punkte werden durch feine Nadelstiche bezeichnet. Die Genauigkeit der Punkteintragung soll $^1/_{10}$ mm betragen. Zur Bezeichnung der verschiedenen Gegenstände, Mauern, Hecken, Gräben etc., dienen besondere Kartenzeichen (Signaturen). Der Massstab der Karte wird der Oertlichkeit entsprechend (Grösse der Parzellen, Bebauung etc.) gewählt und ist schon bei der Flureinteilung vorgesehen, für Ortslagen in der Regel 1:500, für Feldlagen 1:1000, bei grossen Parzellen, im Wald oder der Heide 1:2000.

Auf die Kartierung folgt die Berechnung des Flächeninhaltes aller einzelnen Parzellen, welche, wie aus dem bisher dargestellten Zusammenhang folgt, den Flächeninhalt der auf den Landeshorizont (Meeresspiegel) projicierten Figuren ergiebt.

Zunächst wird der Flächeninhalt für jede Flur (Kartenblatt) im ganzen aus den Koordinaten des sie umschliessenden Liniensystems berechnet, wobei die kleinen zu- und abgehenden Flächenteile berücksichtigt werden. — Die allgemeine Formel für diese Flächeninhaltsberechnung ist

$$2\,F = y_1(x_n - x_2) + y_2(x_1 - x_3) + \ldots \quad y_n(x_{n-1} - x_{n+1}) \ldots,$$

oder

$$= x_1(-y_n + y_2) + x_2(-y_1 + y_3) + \ldots \quad x_n(-y_{n-1} + y_{n+1}) \ldots,$$

wobei die Punkte 1, 2, 3 ... in rechtläufiger Folge anzusetzen sind. Damit ist der „Sollinhalt“ jeder Flur gefunden. Es folgt die Berechnung jeder einzelnen Parzelle (Einzelberechnung), welche zweimal unabhängig von einander vorgenommen wird. Hierbei werden die zu berechnenden Figuren in passender Weise in Dreiecke oder Vierecke zerlegt. Für das Dreieck mit der Grundlinie g und Höhe h ist $2F = gh$, für das Viereck mit der Diagonale d und den zugehörigen Höhen $h_1$ und $h_2$ ist $2F = d(h_1 + h_2)$. — Diese Linien sind entweder als unmittelbar gemessene im Handriss gegeben, oder sie werden der Karte entnommen. Für die lediglich auf Grund des Planes, also rein graphisch, erfolgenden Berechnungen dient neben anderen Hilfsmitteln hauptsächlich das „Planimeter". Von den sehr verschiedenartigen Instrumenten dieser Art sei nur erwähnt das einfache „Polarplanimeter", welches Amsler 1854 zuerst konstruiert hat. Das Instrument (Fig. 63) besteht aus zwei Armen, dem Polarm p, welcher im Pol P festgelegt ist, und dem mit ihm bei C drehbar verbundenen Fahrarm f, welcher bei F auf dem Umfang der zu berechnenden Fläche J mit dem Fahrstift F rechtläufig geführt wird. Der Fahrarm trägt eine Laufrolle R, welche beim Umfahren auf der Papierfläche rollt, wobei ihre Umdrehungen auf einer Zählscheibe S angegeben werden. Die Abwicklung A des Rollenumfanges R, welche am Zählwerk abgelesen wird, entsprechend der Bewegungssumme des Fahrarmes von der Anfangsstellung bis zur Rückkehr zu derselben, giebt, sofern der Pol P sich ausserhalb der umfahrenen Figur befindet, den Flächeninhalt J derselben nach der Beziehung $J = K \times A$. Die Instrumentkonstante K ist

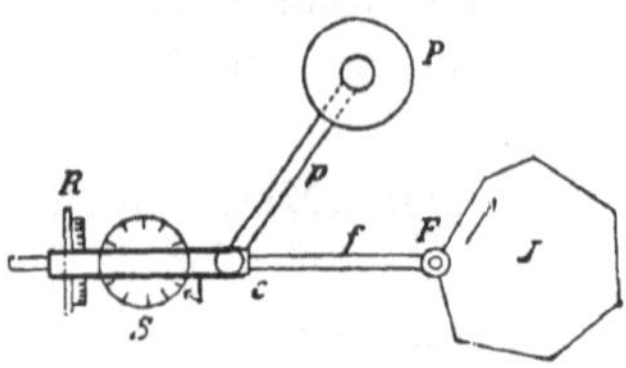

Figur 63.

abhängig von der Einrichtung, insbesondere der Länge des Fahrarmes, durch welchen K reguliert werden kann.

Nach Abschluss der Einzelberechnung wird das Ergebnis derselben auf den vorerwähnten Sollbetrag ausgeglichen, so dass also auch die Flächenberechnung der einzelnen Parzellen durch diese Ausgleichung auf das Koordinatennetz zurückgeführt und die Rechnung dadurch gesichert ist.

Damit sind die geometrischen Arbeiten für die Vermessung erledigt; auf die Specialkarte und das Flächenverzeichnis gründet sich die Aufstellung der übrigen Katasterdokumente. — Durch die ständig eintretenden Veränderungen im Bestande der Parzellen, Neuanlagen etc. sind, um das Vermessungswerk dauernd richtig zu erhalten, fortlaufende Ergänzungsmessungen, sowie Nachträge in den Dokumenten (sog. „Fortführung") erforderlich, deren Ausführung den staatlichen Katasterbehörden zufällt.

Die in der beschriebenen Weise hergestellten Specialkarten liefern eine zuverlässige Unterlage für alle weiterhin auszuführenden Messungen, insbesondere auch die mit dem Nivellierinstrument, Tachymeter oder Barometer zu unternehmenden Höhenmessungen.

## § 43. Schlussbemerkung zur Landesvermessung.

Der Zustand der Landesvermessung ist unmittelbar ein Produkt des Kulturzustandes des Landes. Exakte topographische und geometrische Landesvermessungen der vorbeschriebenen Art sind erst im Laufe des letzten Jahrhunderts nach und nach zur Ausführung gekommen oder in Angriff genommen worden, und zwar nur in den westeuropäischen Kulturstaaten, einzelnen Teilen Nordamerikas und in vereinzelten engbegrenzten Kolonial- oder Küstengebieten. In Deutschland gingen zu Anfang des 19. Jahrhunderts Bayern und Württemberg voran, indem hier zuerst eine zusammenhängende, exakte Vermessung unternommen wurde, wobei für die Einzelaufnahmo der Messtisch diente, der, wie in § 25 erwähnt, seit Mitte des letzten Jahrhunderts bei der exakten Specialmessung durch die auf den Theodolit und die Linienmessung gegründete Zahlenmethode verdrängt ist.

Generelle Landesvermessungen mit trigonometrischer Grundlage, bei welchen die Einzelaufnahmen bis jetzt weniger speciell und exakt, teilweise lückenhaft zur Durchführung gelangt sind, liegen vor in Osteuropa, dem grössten Teil der Vereinigten Staaten, in Argentinien, kleinen Teilen Brasiliens, in Kapland, Vorderindien, Ostaustralien und Japan. Das vermessene Gebiet nimmt nach und nach zu; so wird z. B. jetzt in Deutsch-Ostafrika eine Landesvermessung eingeleitet.

Für den Rest, d. h. also für den weitaus grössten Teil der Erdoberfläche fehlen eigentliche Vermessungen ganz; das vorhandene Kartenmaterial beruht auf Reisewegaufnahmen (Routenaufnahmen, Itinerar). Eine Routenaufnahme ist dem Prinzip nach ein mit einer Freihandbussole aufgenommener Polygonzug, dessen Strecken aus der Reisezeit abgeleitet werden. Als Festpunkte für diese Züge dienen absolute astronomische Ortsbestimmungen nach den in §§ 4 und 21 erwähnten und anderen Methoden. Die Höhenmessungen erfolgen in der Regel auf barometrischem Wege.

In den bewohnten Teilen der oben nicht genannten aussereuropäischen Staaten ist ein solches mehr oder weniger enges und zuverlässiges System astronomischer Punkte bestimmt, an welche ein ausgedehntes Netz von Routenzügen anschliesst und dadurch einen, wenn auch nur rohen Ersatz (Landeskroki) für die fehlende exakte Landesvermessung bietet (ähnlich wie noch im 18. Jahrhundert auch in Westeuropa). Für weite Gebiete der Erdoberfläche dagegen, wie z. B. Innerafrika, Innerund Nordasien, Innerbrasilien etc. liegen nur spärliche astronomische Ortsbestimmungen und Routen vereinzelter Reisenden und Expeditionen vor.

In historischer Beziehung ist hier zu erinnern an die Wegekarten der Römer, Itineraria Antonini, Alexandri etc., vornehmlich an die sogenannte Peutinger'sche Tafel (vergl. Göschen Nr. 30).

## V. Abschnitt.

# Die specielle Untersuchung der Erdfigur.

### § 44. Grundbegriffe (Niveaufläche, Sphäroid, Geoid).

Die Erde wird aufgefasst als ein sich um eine Axe drehender Körper von nahezu ellipsoidischer Oberflächengestaltung, an welcher jeder Punkt dem Einflusse der Schwerkraft und Schwungkraft unterworfen ist. — Wird ein rechtwinkliges Raumkoordinatensystem zu Grunde gelegt, dessen Richtaxe mit der Drehaxe und dessen Anfangspunkt mit dem Aequatorschnitt zusammenfällt, so lässt sich die Wirkung der Schwerkraft und Schwungkraft in irgend einem Punkte durch Komponenten in den Koordinatenrichtungen ausdrücken und als deren Summe mathematisch darstellen im sogenannten „Potential“, das ist eine Funktion der auf die Punkte wirkenden Kräfte (Kräftefunktion). Diejenige auf das Raumkoordinatensystem bezogene Fläche, welche man erhält, wenn man alle Punkte im Raume betrachtet, für welche diese Funktion konstant ist, nennt man eine „Niveaufläche“. Sie ist demnach der geometrische Ort der Punkte gleichen Potentiales, der allgemeine Ausdruck ist W = konstant. In geometrischer Hinsicht ist sie eine stetig gebogene zum Koordinatensystem symmetrische Fläche. — Niveauflächen für aufeinanderfolgende Werte von W, welcher es also unendlich viele geben

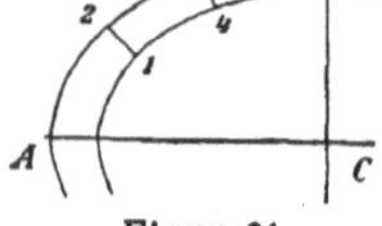

Figur 64.

muss, umschliessen sich schalenartig. Der Unterschied $\Delta W$ zweier solcher Potentialwerte $W_1 - W_2$ ist naturgemäss auch konstant. Während also der Potentialwert in der Niveaufläche konstant ist, erfährt er in den Flächennormalen die stärkste Aenderung.

Die mit Bezug auf die Erde unternommene mathematische Untersuchung dieser Flächen hat zur Kenntnis der Eigenschaften der Niveauflächen eines ideellen erdähnlichen Körpers geführt. Wird die erwähnte Funktion auf ihre Hauptglieder beschränkt, was nach unserer bisherigen Kenntnis vom Erdkörper erlaubt ist, so erhält man damit eine angemessene erste Näherung für die irdischen Niveauflächen. Man nennt diese ihrem Ausdruck nach vereinfachte Fläche ein „Niveausphäroid“, oder kurzweg „Erdsphäroid“ und „Sphäroid“, mit dem allgemeinen Ausdruck $W_0 = U =$ Konstant. Hierbei wird die Verteilung der Schwerkraft g längs einem Meridianschnitt ausgedrückt durch die vereinfachte Gleichung $g = g_a (1 + B \sin^2 \varphi)$, worin $g_a$ die Schwere am Aequator, $\varphi$ die Polhöhe und B eine Konstante bedeutet. Die Gleichung zeigt, dass die Schwere mit wachsender Polhöhe zunimmt bis $\varphi = 90^\circ$. Wird die Beziehung für die Schwerkraft im Aequator und Pol (für $\varphi = 0^\circ$ und $\varphi = 90^\circ$) und den in diesen Richtungen genommenen Axen a und b des Sphäroids entwickelt, so ergiebt sich ein schon von Clairaut 1743 aufgestellter Satz von grosser Wichtigkeit. Derselbe lautet:

$$\text{Die Abplattung des Niveausphäroids} + \frac{\text{Zunahme der Schwerkraft vom Aequator bis zum Pol}}{\text{Schwerkraft am Aequator}} = \frac{5}{2}\,\frac{\text{Centrifugalkraft am Aequator}}{\text{Schwerkraft am Aequator}}.$$

Wir werden von diesem Satz in § 46 Gebrauch machen. Wird der Meridianschnitt des Niveausphäroids durch Entwicklung seiner Polargleichung mit derjenigen einer Ellipse gleicher Aequatorialhalbaxe a verglichen, so zeigt sich, dass die Abweichung zwischen Sphäroidschnitt und Ellipse sehr gering ist. Man kann daher bei Einführung der aus den Gradmessungen allgemein bekannten Werte dem Ausdruck für das Niveausphäroid eine solche Form geben, dass es mit einem Rotationsellipsoide gleicher Abplattung genügend genau übereinstimmt. Diese Form nennt man das „Normalsphäroid", d. h. also das unter dem Einfluss von Schwung- und Schwerkraft nach bestimmten dynamischen Grundsätzen sich bildende Sphäroid fällt zusammen mit dem gewissermassen als fester, starrer Körper mathematisch gegebenen Ellipsoid. Es können daher alle früher besprochenen auf das Ellipsoid bezogenen Rechnungen für die Gradmessungssysteme in diesem Sinne auf das Normalsphäroid, und in gleicher Auffassung auch der Clairaut'sche Satz auf das Ellipsoid übertragen werden.

Wäre die Erde ein vollständig homogener Körper, und könnten die einzelnen Teilchen dem Einfluss der Schwer- und Schwungkraft ungehindert folgen, so würde ihre Oberfläche die eben definierte sphäroidishe Gestalt annehmen, und also sichtbar eine Niveaufläche zum Ausdruck bringen. Es liegt daher nahe, auch an der physischen Erdoberfläche die einer Niveaufläche entsprechende Meeresoberfläche, welche etwa $^3/_4$ der Gesamtoberfläche ausmacht, als Repräsentant der mathematisch auszudrückenden Erdfigur zu wählen. Diese so definierte Erdgestalt nennt man das „Geoid“. Es ist also diejenige durch den Meeresspiegel allgemein bestimmte Niveaufläche, welche alle an der Erdoberfläche vorhandenen Lotrichtungen rechtwinklig durchschneidet (§ 2). Da nun aber der Erdkörper, wie wir an seiner erstarrten, unregelmässig geschichteten Kruste unmittelbar erkennen, eine wechselnde Massenanordnung zeigt, und nach seinem Aufbau ganz erheblich von homogener Beschaffenheit abweicht, so kann das „Geoid“ nicht die bisher betrachtete einfache sphäroidisch-ellipsoidische Gestalt haben, sondern es wird der thatsächlich vorliegenden, unregelmässigen Massenanordnung entsprechend Störungen, Ausbiegungen

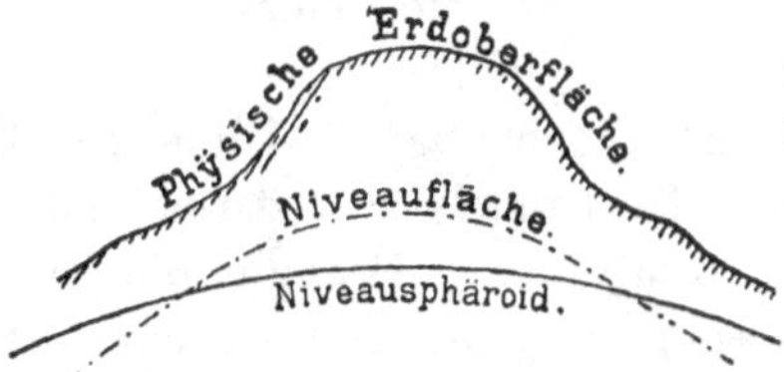


Figur 65.

(Deformationen) gegenüber dem Normalsphäroid zeigen. So z. B. veranschaulicht Figur 65 den Einfluss der Anschwellung der physischen Erdoberfläche auf den Verlauf der wirklichen Niveaufläche im Vergleich zum Normalsphäroid; ein Massendefekt würde eine analoge Wirkung ausüben.

Eine Vorstellung von dem Betrage und dem Verlaufe dieser Deformationen lässt sich a priori durch synthetische Untersuchungen über den Einfluss gegebener Massen auf die Niveaufläche gewinnen. Derartige Untersuchungen hat besonders Helmert unternommen und danach ein Bild theoretischer Geoidformen entworfen.

Die Ergebnisse derartiger Rechnungen zeigen, dass die durch die Kontinentalmassen bedingten Ausbiegungen des Geoids gegenüber dem Sphäroid (Störungen) auf mehrere hundert Meter zu schätzen sind, und die sekundären Ausbiegungen innerhalb der Kontinente, entsprechend der sichtbaren und unsichtbaren Massenlagerung der Kruste, selbst auf kürzere Strecken hin, auf mehrere Meter. Ganz allgemein kann man daher das Geoid auffassen als ein verjüngtes Abbild der sichtbaren und unsichtbaren Massen der physischen Erdoberfläche, wobei das Geoid zwar nicht Berge und Thäler zeigt, sondern nur Zu- und Abnahmen der im allgemeinen nach der Ellipsoidgleichung verlaufenden Krümmung.

Danach ist die heutige Aufgabe der Erdmessung zu erkennen. Es handelt sich darum auf Grund der angedeuteten Analyse der Erdfigur die Ergebnisse der auf das Ellipsoid bezogenen Gradmessungen einer Kritik zu unterziehen, sodann mit Bezug auf ein passend gewähltes Normalsphäroid die Geoidformen zu bestimmen oder, in allgemeiner Auffassung des Problems, Beiträge zu liefern zur Aufstellung der Gleichung W der Kräftefunktion, und schliesslich Unterlagen zu schaffen für die Erforschung der Massenanordnung der Erdkruste, deren Unregelmässigkeiten sich in der Geoidform wiederspiegeln.

Bei der Lösung dieser Aufgaben ist also nach den oben gegebenen Definitionen zu beachten, dass die Messungspunkte der Gradmessungssysteme auf der physischen Erdoberfläche liegen, dass die durch diese Punkte hindurchgehende Schar der Niveauflächen nach ihrem Bildungsgesetz, ihrer gegenseitigen Lage zu einander, sowie zum Geoid unbekannt sind, und dementsprechend auch die Richtung der Lote in den betreffenden Punkten. Es ist klar, dass wegen der Lage der Gradmessungssysteme auf den Hängen oder Gipfeln der unbekannten Geoidfläche gar kein unmittelbarer Zusammenhang zwischen den Ergebnissen verschiedener Gradmessungen in der früher der Bestimmung der Erddimensionen zu Grunde gelegten Weise bestehen kann, dass sich Widersprüche zeigen mussten, weil die Resultate sich auf verschieden gekrümmte Flächenstücke beziehen, deren Lage zur Umdrehungsaxe ebenfalls unbekannt bleibt. Geometrische Bestimmungen allein können nicht zur Lösung des Problems führen, es sind im Sinne der für das Sphäroid gegebenen Definition auch dynamische Bestimmungen, d. h. Messungen der Schwereintensität g erforderlich.

Wir haben zu betrachten

1. die geometrischen Bestimmungen nach der Methode der Lotablenkungen,
2. die dynamischen Bestimmungen nach der Methode der Schweremessungen.

## § 45. Die geometrischen Bestimmungen des Geoids durch Lotabweichungen.

Zu Grunde gelegt wurden die aus den Gradmessungen gewonnenen Resultate für das Ellipsoid, z. B. das von Bessel oder Clarke berechnete (Seite 103). Dasselbe dient für die Untersuchung als Vergleichsfigur, „Referenz-Ellipsoid“. Wie in § 30 angegeben, können aus den Ergebnissen einer Triangulierung durch die „geodätische Uebertragung“ auf der ellipsoidischen Fläche, die ellipsoidischen Polhöhen $\varphi_e$, Längen $\lambda_e$ und Azimute $\alpha_e$ mit Bezug auf irgend einen Ausgangspunkt A berechnet werden. Wird dieser Punkt, in welchem sich das Instrument nach der thatsächlichen Geoidfläche einstellt, direkt astronomisch (§§ 21 und 31) bestimmt und diese Werte der Rechnung zu Grunde gelegt, so bringt man hier Geoid und Rechnungsellipsoid zum Zusammenfallen. Es werden nun die ellipsoidisch berechneten Werte $\varphi_e \lambda_e \alpha_e$ der verschiedenen Dreieckspunkte mit den an diesen absolut, astronomisch, gefundenen $\varphi_a \lambda_a \alpha_a$ nur dann übereinstimmen, wenn Ellipsoid und Geoid nicht voneinander abweichen; ist das nicht der Fall, so wird sich eine Störung in der Uebereinstimmung dieser Werte zeigen. Diese Störung lässt sich ausdrücken durch die ihr entsprechende Abweichung der beiderseitigen Flächennormalen, d. h. der Ellipsoidnormalen und der Lotrichtung in den entsprechenden Geoidpunkten. Man nennt das die „Lotabweichung“. Eine Vorstellung hiervon giebt die einen Meridianschnitt des ungestörten Sphäroids darstellende Figur 66. Im Punkt P ist die durch die ungestörte Flächennormale bestimmte Polhöhe $\varphi_e$; wird nun die Gleichgewichtslage z. B. durch eine in M positiv oder negativ zutretende Masse gestört, so nimmt die Lotrichtung eine andere Lage an und ergiebt die absolute Polhöhe $\varphi_a$; der Unterschied $\varphi_a - \varphi_e = \xi$ ist die „meridionale Lotablenkung“.

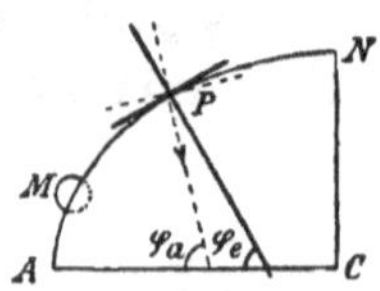

Figur 66.

Durch Berechnung des Einflusses, welchen bestimmte Massenzu- oder -abnahmen an oder unter der physischen Erdoberfläche (Dichtezunahmen oder Abnahmen, Gebirge, Hohlräume) auf die Lotrichtungen ausüben, hat man gefunden, dass durch die Kontinentalmassen Störungen der normalen Lotrichtungen im Betrage von 1′ bis 1½′ eintreten können, und dass z. B. für ein als massiv vorausgesetztes Gebirge wie die Alpen die Abweichung der Lotrichtung vom Gipfel bis zum Fuss etwa ½′ betragen kann, und in entsprechender Weise lokale Unregelmässigkeiten in kleineren Beträgen auftreten.

Die unmittelbare Bestimmung dieser Lotabweichungen durch Vergleichung der astronomischen Werte $\varphi_a \lambda_a \alpha_a$ mit den ellipsoidischen $\varphi_e \lambda_e \alpha_e$ bildet nun eine wichtige Aufgabe der Erdmessung. Die naturgemäss in beliebigen Richtungen auftretenden Gesamtabweichungen $\varepsilon$ werden, um eine bequeme Uebersicht zu erlangen, in ihre nordsüdlichen und ostwestlichen Komponenten $\xi$ und $\eta$ zerlegt. Während nach Figur 66 für die ersteren gilt $\xi = \varphi_a - \varphi_e$, ist $\eta = (\lambda_a - \lambda_e) \cos \varphi = (\alpha_a - \alpha_e) \operatorname{cotg} \varphi$. (Hierin ist enthalten die sog. Laplace'sche Gleichung.) — Um also diese Lotabweichungskomponenten bestimmen zu können, ist erforderlich 1) die geodätische Berechnung der Triangulierungsnetze, 2) absolute astronomische Bestimmung der Polhöhen, Längenunterschiede und Azimute.

Da die Bestimmung der Polhöhen oder Polhöhenunterschiede eine verhältnismässig einfache Arbeit ist und sehr scharfe Ergebnisse liefert, so kann für eine meridionale Dreieckskette (Breitengradmessung) sehr schnell ein Aufschluss über den Verlauf der Lotstörung $\xi$ gewonnen werden. Da ferner in einem solchen Meridianschnitt die Lotabweichungen unmittelbar die Richtungsunterschiede der Flächentangenten an das Sphäroid und Geoid ausdrücken, oder gewissermassen die Böschung des Geoids in Bezug auf das Sphäroid, so kann man bei bekannter Entfernung der Meridianprofilpunkte ähnlich wie beim geometrischen Nivellement die Hebungen bezw. Senkungen darstellen. Diese Bestimmung der Lotabweichung in meridionalen Zügen mit kleinen Punktabständen (10 km) nennt Helmert „astronomisches Nivellement“.

Die telegraphische Längenunterschiedbestimmung ist eine viel schwierigere und umständlichere Arbeit, sie wird daher auf wichtige Hauptpunkte beschränkt. (Astronomisches Längennetz § 31, Seite 111.) — Die geodätische Uebertragung des Azimutes $\alpha_e$ auf weite Entfernungen ist im Vergleich zur Bestimmung von $\varphi$ und $\lambda$ mit grösserer Unsicherheit behaftet und daher nur für engere Gebiete anwendbar. Mit Rücksicht auf diese Umstände ergeben sich für die Durchführung der Untersuchungen auf Grund eines Gradmessungssystemes bestimmte Bedingungen.

Für Norddeutschland ist ein einheitliches astronomisch-geodätisches Netz mit 70 Punkten angeordnet. Von diesen sind 25 Hauptpunkte mit Bestimmung nach $\varphi_a$ $\lambda_a$ $\alpha_a$, wobei die Längenunterschiede ein in sich geschlossenes Netz bilden (vergl. § 31), die übrigen Punkte werden nur nach $\varphi$ und $\alpha$ bestimmt. Dieses Hauptnetz bildet die Unterlage für alle weiteren Untersuchungen. Zunächst handelt es sich darum, in der angedeuteten Weise Beobachtungsmaterial in $\xi$ und $\eta$ für möglichst viele Punkte zu sammeln. — Neben den Beobachtungen für das erwähnte Grundnetz sind in Deutschland noch einige Gegenden speciell durchforscht worden und zwar die Umgegend von Leipzig und Berlin, der Harz, ein Profil im Meridian des Harzes und von der Schneekoppe bis Kolberg.

In allen der internationalen Erdmessung angehörigen Staaten sind in ähnlicher Weise Untersuchungen in der Ausführung begriffen. Ueberall haben sich Lotabweichungen gezeigt und zwar solche mit systematischem Charakter und erheblichen Beträgen sowohl an Gebirgen als auch in ebenen Gebieten, in denen die Abweichungen weiten Strecken eigentümlich sind und einen regionalen Charakter annehmen. Z. B. zeigen im Kaukasus zwei Punkte von 100 km Abstand gegen das Vergleichsellipsoid Polhöhenabweichungen von $-18''$ und $+36''$; im Profil nordwärts der Schneekoppe zwei Punkte im Abstand von rund 25 km $+18''$ und $+4''$. — Im Gebiete der Längengradmessung auf dem 52. Parallel (vergl. Seite 112) treten systematische Abweichungen hervor, welche auf eine Anschwellung des europäischen Geoids von 200 bis 300 m schliessen lassen.

Ebenso haben sich bei den lokalen auf eng begrenzte Gebiete beschränkten Untersuchungen in ebenen Geländen, wie z. B. bei Berlin und Leipzig, Störungen im Betrage von mehreren Sekunden ergeben, welche auf Besonderheiten der Massenlagerung im Untergrund hinweisen. Ferner haben sich Widersprüche gezeigt bei der Vergleichung der für Gebirge aus ihren sichtbaren Massen (geodätisch und geologisch) berechneten Störungen mit den aus den Triangulierungen empirisch bestimmten Werten. Das hat sich z. B. gefunden am Harz, in

Teilen der Alpen, den Apenninen u. s. w. und lässt auf Unregelmässigkeiten innerhalb der Erdkruste schliessen, die zum Teil darin ihre Ursache zu haben scheinen, dass den oberirdischen Massenansammlungen unterirdische Defekte entsprechen. Um weitere Aufschlüsse zu erhalten, ist zunächst eine Vermehrung des Beobachtungsmaterials durch ausgedehnte, weite Gebiete umfassende Unternehmungen und lokale Untersuchungen erforderlich.

Da diese Bestimmungsmethode wesentlich auf einer scharfen Ermittlung der Polhöhe vieler Orte beruht, so ist es erforderlich, dass die seit einiger Zeit festgestellte Veränderlichkeit der Polhöhen eines Ortes, welche bis zu $^1/_2{}''$ geht und durch eine geringe Schwankung der Erdaxe sich erklärt, genau bekannt ist. Es hat daher neben den Beobachtungen auf den Sternwarten auch die internationale Erdmessung die fortlaufende Bestimmung der Polhöhe auf einer Anzahl passend verteilter Stationen auf dem Parallel $39^\circ 08'$ n. B. in den Kreis ihrer Arbeiten aufgenommen.

Die theoretisch mögliche Untersuchung der Geoidformen durch Präcisionsnivellierung und trigonometrische Höhenmessung kann nur für engbegrenzte Gebiete in Betracht kommen; die letztere Messungsmethode leidet besonders unter der Schwierigkeit der scharfen Bestimmung bezw. Elimination der Refraktionsunsicherheiten.

## § 46. Die Bestimmung der Geoidformen durch Messung der Schwereintensität.

Nach Seite 159 gilt für die Verteilung der Schwereintensität längs eines Meridianschnittes des Sphäroids die Gleichung $g = g_a (1 + B \sin^2 \varphi)$, aus welcher der dort ausgesprochene, die Abplattung bestimmende Clairaut'sche Satz folgt. Zu der hierzu erforderlichen Bestimmung der Schwereintensität dient das Pendel.

Das Prinzip dieser Pendelmessungen ist kurz das folgende: Aus der reduzierten Pendelgleichung

$$S = \pi \sqrt{\frac{l}{g}},$$

worin S = Schwingungszeit in Sternzeitsekunden, l = Pendellänge, g = Erdschwere am Beobachtungsort bedeutet, ergiebt sich

$$g = \frac{l\pi^2}{S^2}.$$

Es ist demnach zur Bestimmung von g zu messen: die Pendellänge l und die Schwingungsdauer.

Wird die Pendellänge als unveränderlich betrachtet, so wird $l\pi^2$ eine Konstante = K, und es gilt die Beziehung $g S^2 = K$. Werden demnach an verschiedenen Orten der Erdoberfläche die Schwingungszeiten $S_n$ eines unveränderlichen Pendels gemessen, so erhält man relative Werte für die Schwereintensitäten $g_n$ bezogen auf einen bestimmten Vergleichsort, eine sogenannte „Referenzstation“, nach der Gleichung

$$g_n = \frac{K}{S_n^2}.$$

Hierzu ist demnach nur die Bestimmung der Schwingungszeiten erforderlich. — In diesem Sinne unterscheidet man absolute Bestimmung der Schwereintensität nach der ersten Gleichung

$$g = \frac{l\,\pi^2}{S^2}$$

mit Messung der Pendellänge und der Schwingungszeit, und relative Bestimmung nach der letzten Gleichung

$$g_n = \frac{K}{S_n^2}$$

lediglich durch Messung der Schwingungszeiten. — Ist für eine Referenzstation die absolute Schwere g bestimmt, so lassen sich aus den auf sie bezogenen relativen Messungen absolute Werte ableiten.

Die Ausführung der absoluten Bestimmungen ist mit grossen Schwierigkeiten verbunden, sie erfordert dauernde Beobachtungsstationen in entsprechend eingerichteten Observatorien und bleibt daher auf einige Hauptpunkte beschränkt. In der Regel wird das sogenannte „Reversionspendel“ verwendet, das ist ein Pendel, welches in der Nähe der Stangenenden zwei Aufhängepunkte in Schneidenform und entsprechende verstellbare Gewichte trägt, so dass bei gleicher Schwingungsdauer in beiden Lagen der Schneidenabstand (etwa rund 1 m) die reduzierte Pendellänge bestimmt. Neben der Ermittlung mehrerer Korrektionen für Luftdichte, Schwingungsamplitude, Temperatur, Einfluss der Schneidenlagerung, Mitschwingen des Lagers, ist von besonderer Wichtigkeit die scharfe Messung des Schneidenabstandes, wozu ein Massstabsvergleichsapparat (Komparator) erforderlich ist. Die Bestimmung der Schwingungszeit geschieht mittelst einer besonderen Vorrichtung, dem „Koincidenz-Apparat“, welcher dazu dient, gleiche Schwingungsphasen des Messungspendels und des Pendels einer Hilfsuhr zu erkennen. Die Umwandlung in Sternzeit geschieht durch fortlaufende astronomische Zeitbestimmung.

Zu den relativen Schweremessungen dienen stabil konstruierte, „unveränderliche“ Halbsekundenpendel, welche besonders durch v. Sterneck bei den österreichischen Arbeiten in eine so zweckmässige Form gebracht sind, dass dadurch die Ausführung von Pendelbeobachtungen auf beliebigen Feldstationen ermöglicht worden ist. Die massiven Pendel (Linse 1 km schwer, aus vergoldetem Messing) sind $^1/_4$ m lang und schwingen auf Achatschneiden, die auf einer Achatplatte ruhen, welche von einem starken, aus einem Stück gegossenen (glockenförmigen) Stativ getragen wird. Zur Bestimmung der Schwingungsdauer dient ein von v. Sterneck konstruierter Spiegel-Koincidenzapparat. Die Uhrzeiten werden durch telegraphische Uhrvergleichung mit einer nach Sternzeit regulierten Normaluhr oder durch unmittelbar auf den Feldstationen ausgeführte Zeitbestimmungen in Sternzeit verwandelt. — Den Beobachtungsergebnissen sind noch einige Korrektionen zuzulegen, welche dieselben auf einen für alle relativen Bestimmungen geltenden Normalzustand reduzieren. — Das v. Sterneck'sche Verfahren bietet die Möglichkeit, schon aus einer Beobachtungsperiode von 24 Stunden einen genügend genauen relativen Wert von g abzuleiten, so dass die vielseitige Ausführung relativer Bestimmungen grosse praktische Bedeutung gewonnen hat. — Die Versuche, den Schweremessungen eine noch grössere Ausbreitung zu geben durch Einführung bequem transportabler Schwerediffęrenzmesser (Barymeter) zur Interpolation von Zwischenpunkten auf die Pendelstationen und zum Gebrauche auf dem Meere, haben bisher zu keinem Ergebnis geführt.

Jedem an einem Punkte der Erdoberfläche mit einem solchen Pendelapparat gemessenen und mit den genannten Korrektionen des Beobachtungsverfahrens versehenen Werte von g müssen nun, um ihn mit dem auf die ideelle Fläche des Normalsphäroids (Geoids) bezogenen theoretischen Werte der oben genannten Formel vergleichbar zu machen, noch gewisse weitere Reduktionen beigelegt werden. Diese sind: 1) die Reduktionen wegen der Höhe über dem Meeresspiegel, 2) diejenige wegen der Anziehung der zwischen Beobachtungspunkt und Meeresspiegel liegenden Schicht, deren Dicke der Meereshöhe entspricht und für deren Dichte ein geeigneter Wert einzuführen ist, endlich 3) die Reduktionen wegen des Einflusses der Bodengestaltung in der Umgebung der Station.

Werden nach diesem hier in seinen Grundzügen erläuterten Verfahren an zahlreichen, passend verteilten Punkten der Erdoberfläche in bekannter Polhöhe $\varphi$ Schweremessungen für g ausgeführt, und in die für das ideelle Normalsphäroid aufgestellte Gleichung

$$g = g_a (1 + B \sin^2\varphi)$$

eingesetzt, so können die Konstanten $g_a$ und B berechnet werden. Eine solche Berechnung hat Helmert unter sorgfältiger Diskussion des vorliegenden Beobachtungsmateriales 1884 durchgeführt und damit die Interpolationsgleichung

$$g = 9{,}7800\ (1 + 0{,}005\,310 \sin^2\varphi)$$

für die sogenannte „normale Schwere“ gewonnen. Durch Einführung dieser Werte in den Clairaut'schen Satz fand er für die Abplattung

$$\frac{a - b}{a} = \frac{1}{299{,}26}.$$

(Die Aufstellung einer neuen Interpolationsformel auf Grund der seit 1884 erheblich vermehrten Beobachtungsstationen steht in Aussicht.)

Dieser Wert stimmt zwar mit dem Bessel'schen (Seite 105) überein; es ist aber zu beachten, dass die geometrisch-astronomische und diese dynamische Ableitung ganz verschiedenartig sind, und dass bei jeder Methode im einzelnen noch bedeudende Abweichungen sich zeigen. Die dynamische Bestimmung der Abplattung hat neben anderen Vorzügen den grossen Vorteil für sich, dass die Pendelmessungen viel leichter auszudehnen und passend über die Erdoberfläche zu verteilen sind als die Triangulierungen, welche in ihrer Ausdehnung beschränkt sind, aber auch wieder allein zu einer Bestimmung der Dimensionen führen können.

Die Abweichungen, welche die mit allen Reduktionen versehenen Werte gegen die nach der Interpolationsformel für den betreffenden Ort berechnete normale Schwere zeigt, sind ein Mass für die Störung der Schwerkraft an der Geoidfläche gegen die auf dem ideellen Vergleichsphäroid stattfindende. Diese Störung lässt sich nach Helmert anschaulich ausdrücken durch die Wirkung, welche eine im Meeresniveau unter dem Beobachtungsort gedachte störende Schicht von bestimmter Dichte und Mächtigkeit nach aussen hin auf den Beobachtungspunkt ausüben würde. Auf diese Weise liefern also Pendelmessungen relative Ausdrücke für Massenwirkungen des Untergrundes, welcher der direkten Beobachtung nicht zugänglich ist, so dass dadurch der geologischen Forschung wichtige Anhaltspunkte geboten werden.

Wegen dieser grossen Bedeutung der Pendelmessungen sowohl für die Erforschung der Erdfigur im allgemeinen als auch der geoidischen Störungen bildet heute die Ausführung umfangreicher Schwermessungen eine der wesentlichsten Aufgaben der Erdmessung.

Die Auswertung der bisher ausgeführten Pendelbeobachtungen hat ähnlich wie für die Lotablenkungen ergeben, dass sich sowohl Abweichungen zeigen, welche einen sich auf weite Gebiete ausdehnenden systematischen Charakter haben, als auch manche unregelmässige Störungen in kleinen Gebieten. Es erscheint nämlich die mit allen in Betracht kommenden Reduktionen versehene, in der Meeresniveaufläche gerechnete Schwere gegenüber der normalen derart gestört, dass die Intensität auf dem Festlande im allgemeinen kleiner ist als an den Küsten, und hier wieder kleiner als auf den isolierten oceanischen Inseln. Da nun, wie Seite 168 erwähnt, auch aus den Ergebnissen der Lotabweichungsbestimmungen die Wirkungen der sichtbaren Gebirgsmassen teilweise durch unterirdische Defekte kompensiert erscheinen, so liegt der Analogieschluss nahe, dass in ähnlicher Weise die Kontinente gewissermassen leichtere Schollen der Erdkruste als die den Meeresboden bildenden Schichten sein könnten. Zur Lösung dieser Frage weiteres Beobachtungsmaterial zu beschaffen, ist die Aufgabe der unternommenen Arbeiten. Neben diesem weitausgreifenden Studium des Geoids ist auch schon eine Anzahl lokaler Untersuchungen vorgenommen worden; so besonders in Oesterreich, im Gebiet der Tiroler Alpen, in deren Untergrund ein starker relativer Massendefekt hervortritt, ferner in

Deutschland in den Seite 167 erwähnten Lotabweichungsprofilen im Meridian der Schneekoppe und des Harzes, und ein Schwarzwaldprofil von Strassburg bis Horb.

## § 47. Die Niveaufläche des Meeresspiegels.

Nach der Seite 160 gegebenen Definition wird das Geoid ausgedrückt durch die Niveaufläche des Meeresspiegels, welcher ja auch nach § 33 als Landeshorizont für alle Vermessungen gilt. Es entsteht nun die Frage, ob der Meeresspiegel auch wirklich eine Niveaufläche ist, und ob dieselbe eine unveränderliche Lage gegenüber den Festlandpunkten hat.

Hierzu ist es zunächst erforderlich, aus der unter dem Einfluss der oceanischen Bewegungen stehenden physischen Meeresfläche die ruhende, normale Meeresoberfläche, d. h. die Gleichgewichtslage längs der Küstenlinie abzuleiten und sodann die so erhaltenen Normalwasserstände durch Präcisionsnivellierung aufeinander zu beziehen und zu vergleichen.

Die beständige Bewegung, in welcher sich die Oberfläche des Weltmeeres infolge von Wellenschlag, Winddruck, Temperatur- und Luftdruck-Schwankung, Ebbe und Flut und sonstigen Einwirkungen befindet, äussert sich an den Küsten durch Zusammenwirken aller einzelnen Momente im Verein mit Stauung, Tiefe und Form des Meeresbeckens, als eine sehr komplizierte und von Ort zu Ort verschiedene Wasserstandsbewegung. Werden die stationären Wellenbewegungen, welche von den allgemeinen Hebungen und Senkungen unabhängig sind, dadurch ausgeschieden, dass der Wasserstand in einem Schacht beobachtet wird, welcher durch eine unterirdische Kanalleitung mit dem Meere kommuniziert, so bleibt als wesentlicher Faktor zurück die lokale Gezeitenbewegung und die unregelmässigen Schwankungen infolge Winddruck, Temperatur- und Luftdruckschwankung u. s. w. Diese letzteren werden teilweise durch Rechnung eliminiert und dann vorausgesetzt, dass sie sich innerhalb bestimmter Zeiträume im allgemeinen aufheben. Es ist aber aus diesen Gründen, um eine befriedigende Uebereinstimmung in der Ableitung der Gleichgewichtslage für verschiedene Küstenpunkte zu erlangen, eine fortlaufende Beobachtung der Wasserstände erforderlich. Eine Lücke von $^1/_2$ Tag kann schon einen merklichen Einfluss auf den Jahresstand ausüben. Zu diesen fortlaufenden Beobachtungen dienen besonders konstruierte registrierende Wasserstandszeiger, die sogenannten „Mareographen" (Flutmesser, Flutautograph). Es sind eine ganze Reihe verschiedener derartiger Apparate konstruiert worden. Das Prinzip ist im wesentlichen das folgende:

Ein Schwimmer, ein luftdicht verschlossenes Gefäss aus Kupferblech, nach dem mittleren specifischen Gewicht des Wassers balanciert, überträgt seine den Schwankungen des Wasserspiegels folgenden Bewegungen durch einen besonderen Mechanismus in verjüngtem Massstabe auf einen Schreibstift, der den Verlauf der Bewegung auf einer durch ein Uhrwerk getriebenen Registriertrommel aufzeichnet. Die so aufgezeichnete Wasserstandskurve bringt das periodische Steigen und Fallen entsprechend der lokalen Gezeitenbewegung und den sonstigen Einwirkungen über einer Basislinie zum Ausdruck. Wird nun für ein bestimmtes Zeitintervall, z. B. für einen Tag, der Flächeninhalt des Flutprofiles etwa mit einem Planimeter (Seite 154) berechnet und durch die zugehörige Basislinie dividiert, so erhält man das die Gleichgewichtslage ausdrückende sogenannte „Mittelwasser“ für das entsprechende Zeitintervall. Je nach der Ausdehnung der Beobachtungsperiode spricht man von einem täglichen, monatlichen, jährlichen, säkularen Mittelwasser. An den europäischen Küsten (Hafenplätzen) sind zur Zeit annähernd 100 Apparate dieser oder ähnlicher Konstruktion aufgestellt. Die Genauigkeit der Ableitung des Mittelwassers ist abhängig vom Apparat, den lokalen Verhältnissen, der Beobachtungsdauer u. s. w. Im allgemeinen kann angenommen werden, dass die bisher gewonnenen Werte etwa auf 1 cm sicher sind. Die der Basislinie des Registrierbogens entsprechende Eintauchungslinie des Schwimmers bezeichnet den Nullstand, welcher gegen einige in der Nähe des Instrumentes angebrachte Höhenmarken durch Nivellierung sorgfältig bestimmt wird.

Zur Vergleichung dieser an den verschiedenen Küstenstationen ermittelten Normalwasserstände dient die in § 35 beschriebene Landespräcisionsnivellierung, insbesondere die den Küsten folgenden Züge, an welche die Apparatfestpunkte angeschlossen sind. Für derartige so weite Gebiete überspannenden Nivellierzüge ist die § 44 erwähnte Nichtparallelität der Niveauflächen in Rücksicht zu ziehen. Die dort definierte zwei benachbarten Niveauflächen entsprechende Potentialdifferenz ist $\Delta W = g h$. Da nun g polwärts wächst, nimmt h polwärts ab. Wenn demnach in Figur 64 Seite 158 z. B. auf dem Wege 1 — 2 — 3 — 4 — 1 zurück nach 1 fehlerfrei nivelliert würde, so würde sich doch ein den linearen Abständen $h_{1-2}$ und $h_{3-4}$ entsprechender Schlussfehler zeigen. Es wird zur Berücksichtigung dieses Umstandes entweder die normale Schwereänderung nach der Interpolationsformel in Ansatz gebracht, oder die wahre Schwere, welche dann längs des Nivellierzuges gemessen werden muss. Beim Ueberschreiten der Alpen z. B. würden die sichtbaren Massen einen Höhenfehler von rund $^1/_2$ m bedingen.

Eine unter Beachtung aller dieser Umstände ausgeführte Berechnung des westeuropäischen Höhennetzes und seiner Anschlüsse an die Mittelwasserhöhen hat gezeigt, dass die Abweichungen der Mittelwasserstände von einer Niveaufläche sowohl einerseits über den Fehler der geodätischen Vergleichung, selbst bei unmittelbar benachbarten Küstenpunkten desselben Meeresteiles, hinausgehen, als auch andererseits die Unsicherheiten dieser Vergleichung für weit enfernte Punkte zur Zeit teilweise noch dieselben Beträge erreichen, wie die berechneten Abweichungen selbst. Das Ergebnis lässt sich kurz so zusammenfassen: Die bisher beobachteten Mittelwasserstände an den Europa umspülenden Meeren scheinen mit einer Genauigkeit von etwa 1—2 dm derselben Niveaufläche anzugehören. — Diese Verbindung von fortlaufenden Mittelwasserbestimmungen mit nivellitischem Anschluss an das Festpunktnetz ermöglicht auch eine scharfe Ermittlung der eventuellen Veränderlichkeit der normalen Eintauchungslinie der Kontinente.

Da sowohl die Wasserstandsbeobachtungen als auch die Nivellierzüge zur Zeit noch nicht in genügendem Umfang und Schärfe zur Ausführung gelangt sind, hat man von der in Aussicht genommenen Festsetzung eines internationalen europäischen Nullniveaus vor der Hand noch Abstand genommen. Für Preussen und Deutschland gilt der in § 33 besprochene Landeshorizont.

# Register.

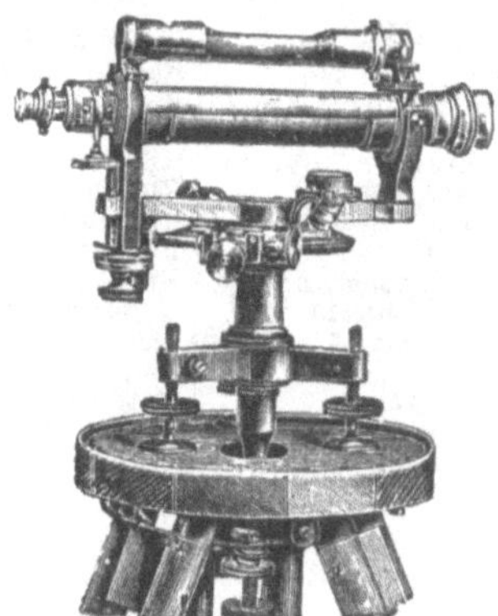

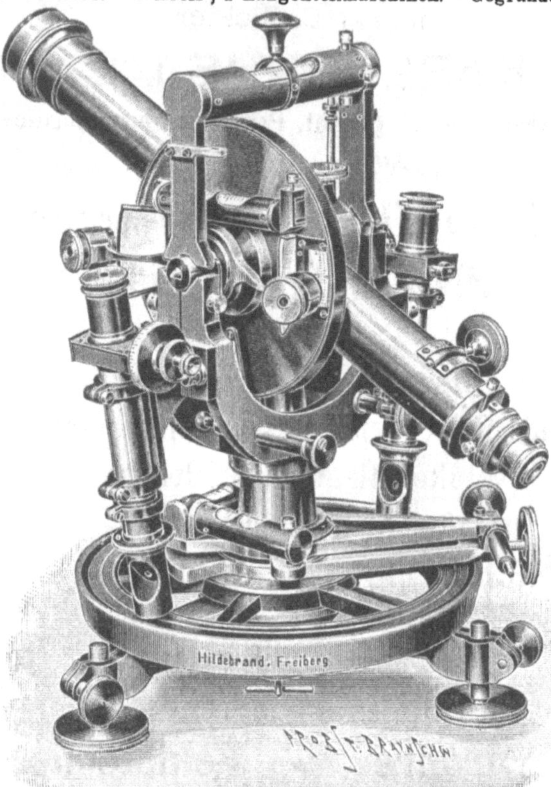
Hildebrand. Freiberg

DRESDEN
G. HEYDE.

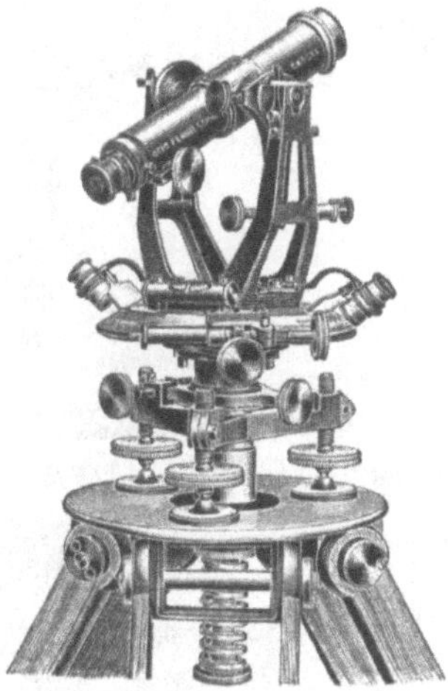

MIX
Papier | Fördert gute Waldnutzung
FSC® C083411

Zeitfracht Medien GmbH
Ferdinand-Jühlke-Straße 7
99095 Erfurt, Deutschland
produktsicherheit@kolibri360.de